Abdelhamid Haouchine

Ressources en eau en zones arides: Biskra, Algérie

Abdelhamid Haouchine

Ressources en eau en zones arides: Biskra, Algérie

Caractérisation hydrogéologique - Réalimentation des nappes - Impact hydro-environnemental

Presses Académiques Francophones

Impressum / Mentions légales
Bibliografische Information der Deutschen Nationalbibliothek: Die Deutsche Nationalbibliothek verzeichnet diese Publikation in der Deutschen Nationalbibliografie; detaillierte bibliografische Daten sind im Internet über http://dnb.d-nb.de abrufbar.
Alle in diesem Buch genannten Marken und Produktnamen unterliegen warenzeichen-, marken- oder patentrechtlichem Schutz bzw. sind Warenzeichen oder eingetragene Warenzeichen der jeweiligen Inhaber. Die Wiedergabe von Marken, Produktnamen, Gebrauchsnamen, Handelsnamen, Warenbezeichnungen u.s.w. in diesem Werk berechtigt auch ohne besondere Kennzeichnung nicht zu der Annahme, dass solche Namen im Sinne der Warenzeichen- und Markenschutzgesetzgebung als frei zu betrachten wären und daher von jedermann benutzt werden dürften.

Information bibliographique publiée par la Deutsche Nationalbibliothek: La Deutsche Nationalbibliothek inscrit cette publication à la Deutsche Nationalbibliografie; des données bibliographiques détaillées sont disponibles sur internet à l'adresse http://dnb.d-nb.de.
Toutes marques et noms de produits mentionnés dans ce livre demeurent sous la protection des marques, des marques déposées et des brevets, et sont des marques ou des marques déposées de leurs détenteurs respectifs. L'utilisation des marques, noms de produits, noms communs, noms commerciaux, descriptions de produits, etc, même sans qu'ils soient mentionnés de façon particulière dans ce livre ne signifie en aucune façon que ces noms peuvent être utilisés sans restriction à l'égard de la législation pour la protection des marques et des marques déposées et pourraient donc être utilisés par quiconque.

Coverbild / Photo de couverture: www.ingimage.com

Verlag / Editeur:
Presses Académiques Francophones
ist ein Imprint der / est une marque déposée de
OmniScriptum GmbH & Co. KG
Heinrich-Böcking-Str. 6-8, 66121 Saarbrücken, Deutschland / Allemagne
Email: info@presses-academiques.com

Herstellung: siehe letzte Seite /
Impression: voir la dernière page
ISBN: 978-3-8416-2959-3

Copyright / Droit d'auteur © 2014 OmniScriptum GmbH & Co. KG
Alle Rechte vorbehalten. / Tous droits réservés. Saarbrücken 2014

RESSOURCES EN EAU EN ZONES ARIDES:
Caractérisation hydrogéologique
Réalimentation des nappes
Impact hydro-environnemental
REGION DE BISKRA

Par : Abdelhamid HAOUCHINE

TABLE DES MATIERES

INTRODUCTION GENERALE

1. Problematique de l'eau en zone aride 5
2. ... et en Algerie 7
3. Demarche methodologique 8

PREMIERE PARTIE
LES RESSOURCES HYDRIQUES DE LA ZONE D'EL OUTAYA

1. Cadre physique 10
   - 1.1. Situation geographique 10
   - 1.2. Relief 12
   - 1.3. Hydrographie 12
   - 1.4. Sols et vegetation 12
2. Hydroclimatologie 13
   - 2.1. Les precipitations 13
     - 2.1.1. Test de tendance (test de Spearman) 15
     - 2.1.2. La méthode du double cumul 16
     - 2.1.3. La régression linéaire 16
   - 2.2. La temperature 20
   - 2.3. Le vent 21
   - 2.4. L'humidite relative 21
   - 2.5. Le regime climatique 21
     - 2.5.1. L'indice de De Martonne 21
     - 2.5.2. Le diagramme ombrothermique 22
     - 2.5.3. La classification bioclimatique d'Emberger 22
   - 2.6. Evaluation du deficit d'ecoulement 24
     - 2.6.1. Calcul de l'évapotranspiration potentielle (ETP) 24
     - 2.6.2. Calcul de l'évapotranspiration réelle (ETR) 25
   - 2.7. Bilan d'eau de Thornthwaite 26
   - 2.8. Determination de la lame ruisselee 27

2.9.	DISCUSSION DES RESULTATS ET CONCLUSION	28
3.	**GEOLOGIE**	**29**
3.1.	INTRODUCTION	29
3.2.	LITHOSTRATIGRAPHIE	31
3.2.1.	Le Trias	31
3.2.2.	Le Lias	31
3.2.3.	Le Jurassique	31
3.2.4.	Le Crétacé	32
3.2.5.	Le nummulitique	36
3.2.6.	Le Néogène	37
3.2.7.	Le Quaternaire	39
3.3.	TECTONIQUE	41
3.4.	PALEOGEOGRAPHIE	41
3.5.	CONCLUSION	44
4.	**HYDROGEOLOGIE**	**46**
4.1.	ETUDE DU MILIEU RECEPTEUR PAR PROSPECTION ELECTRIQUE	46
4.1.1.	introduction	46
4.1.2.	Sondages électriques étalons – échelle des résistivités	47
4.1.3.	Difficultés d'interprétation	51
4.1.4.	Examen des résultats	52
4.1.5.	Interprétation des coupes géo-électriques et de la carte du toit du substratum	56
4.1.6.	Conclusion	61
4.2.	ETUDE HYDRODYNAMIQUE	68
4.2.1.	Introduction	68
4.2.2.	conditions naturelles des aquifères de la plaine	68
4.2.3.	piézométrie de la plaine	70
4.2.4.	Détermination des caractéristiques hydrodynamiques	75
4.2.5.	Conclusion	93
5.	**ASPECTS HYDROCHIMIQUES**	**94**
5.1.	INTRODUCTION	94
5.2.	ANALYSE ET INTERPRETATION	95
5.2.1.	Les paramètres physico-chimiques	95
5.2.2.	Les éléments chimiques et leur origine	96
5.3.	CLASSIFICATION DES EAUX	99
5.4.	CONCLUSION	100

DEUXIEME PARTIE
LA REALIMENTATION DES NAPPES EN ZONE ARIDE

1. **PROBLEMATIQUE** 101
    1.1. DESCRIPTION PHYSIQUE DE LA RECHARGE 102
2. **METHODES D'ESTIMATION DE LA RECHARGE** 103
    2.1. REVUE BIBLIOGRAPHIQUE 103
    2.2. METHODES CLIMATIQUES ET HYDRODYNAMIQUES 104
        2.2.1. Méthode du bilan hydrologique 104
        2.2.2. Fluctuation du niveau piézométrique 106
    2.3. LES METHODES EXPERIMENTALES 107
        2.3.1. Méthodes directes 107
        2.3.2. Méthodes et modèles à base physique 109
        2.3.3. Méthode géochimique et isotopique 112
    2.4. CONCLUSION ET CRITIQUES 113
3. **METHODOLOGIE D'ANALYSE** 113
    3.1. LES PRINCIPAUX FACTEURS INFLUENÇANT LA RECHARGE 114
        3.1.1. Le Couvert Végétal et l'Occupation du Sol 114
        3.1.2. La lithologie 114
        3.1.3. Réseau hydrographique 115
        3.1.4. Le type de sol (structure, texture, porosité) 115
        3.1.5. Topographie et morphologie (Pente) : 115
    3.2. METHODE ADOPTEE 96
    3.3. CARTOGRAPHIE DES PARAMETRES REGISSANT LA RECHARGE 117
        3.3.1. Le couvert végétal et l'occupation du sol (cv & os) 117
        3.3.2. La lithologie 122
        3.3.3. Le réseau hydrographique 124
        3.3.4. Le sol 126
        3.3.5. La pente 129
    3.4. ANALYSE MULTI-CRITERES 132
        3.4.1. Evaluation des cotes 132
        3.4.2. Détermination des poids 133
        3.4.3. Détermination des indices d'infiltration 135
        3.4.4. Etablissement de la carte-synthèse 136
        3.4.5. analyse et conclusion 138

TROISIEME PARTIE
IMPACT DU BARRAGE DE «FONTAINE DES GAZELLES» SUR LE FONCTIONNEMENT HYDROGEOLOGIQUE DE LA NAPPE DE OUED BISKRA

1. INTRODUCTION 142
2. CARACTERISATION HYDROGEOLOGIQUE DE L'AQUIFERE DE LA NAPPE ALLUVIALE 143
   2.1. CONFIGURATION ET LITHOLOGIE DE L'AQUIFERE 143
   2.2. HISTORIQUE DE L'EXPLOITATION DE LA NAPPE ALLUVIONNAIRE 145
   2.3. CARACTERISTIQUES HYDRODYNAMIQUES 146
      2.3.1. La piézométrie 146
      2.3.2. La transmissivité 147
      2.3.3. La porosité efficace. 147
      2.3.4. Alimentation de la nappe 147
      2.3.5. Conditions d'alimentation : 150
3. ANALYSE DE L'IMPACT DU BARRAGE 151
   3.1. INTRODUCTION 151
   3.2. LE RESEAU HYDROGRAPHIQUE 152
   3.3. LA PLUVIOMETRIE SUR LES BASSINS VERSANTS 156
      3.3.1. Les précipitations sur le bassin versant de oued Abdi 157
      3.3.2. Les précipitations sur le bassin versant de oued El Hai 160
   3.4. LES ECOULEMENTS 161
      3.4.1. introduction 161
      3.4.2. La station d'El Kantara 162
      3.4.3. La station de Djemorah 163
      3.4.4. Etude comparative Djemorah-El Kantara 165
      3.4.5. La station d'El Melaga 167
4. CONCLUSION 168

CONCLUSION GENERALE

BIBLIOGRAPHIE 175

INTRODUCTION GENERALE

1. PROBLEMATIQUE DE L'EAU EN ZONE ARIDE

Alors que quelques 577000 km^3/an sont mobilisés par le cycle de l'eau à l'échelle du globe et que le bilan des continents se traduit par des précipitations de 119000 km^3/an qui génèrent un écoulement total de 47000 km^3/an, le zonage climatique introduit des différenciations régionales considérables. C'est ainsi par exemple que le rapport pluviométrie/évaporation, égal à 0,9 pour l'ensemble des océans, n'est que de 0,3 pour la mer méditerranée (Ennabli, 2005).

De plus, les ressources en eau douce renouvelables, aussi bien souterraines que superficielles de l'ensemble du bassin méditerranéen (fig.1), estimées à environ 1080 km^3/an, sont très inégalement réparties. *Trois pays, la France, l'Italie et la Turquie reçoivent, à eux seuls, la moitié du total des précipitations, tandis que les pays du Sud ne capitalisent qu'un dixième du total* (Thivet et Blinda, 2009).

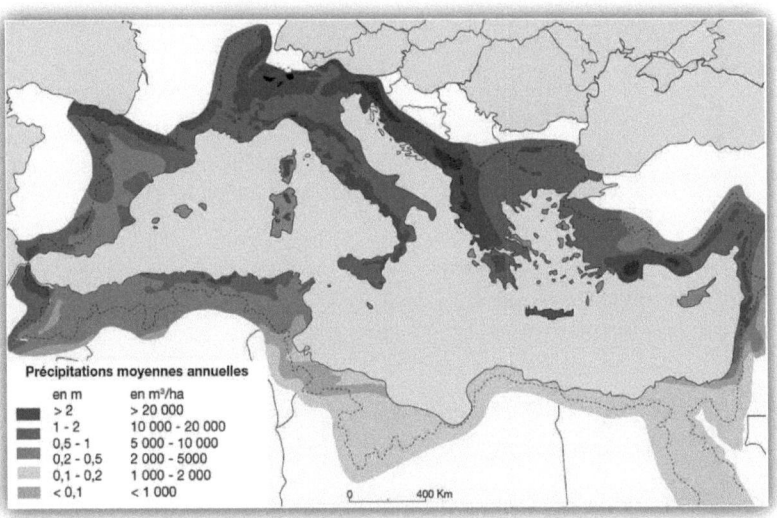

Fig.1 : Répartition des précipitations moyennes dans le Bassin méditerranéen. Plan Bleu, J. Margat, 2003.

Ces disparités sont dues à l'aridité, fait climatique régional (fig.2) auquel il s'agira de s'adapter.

L'aridité est significativement exprimée par le rapport des précipitations à l'évapotranspiration potentielle pour une durée de référence donnée, annuelle en général.

- Elle augmente la demande en eau du fait d'un accroissement de la part consommée et non restituée pour satisfaire les nécessités de l'évapotranspiration.
- Elle diminue les ressources en eau du fait de la faiblesse des précipitations et de la perte d'importance du réseau hydrographique.

De sorte que même lorsque la demande n'est pas excessive, sa confrontation avec la ressource disponible se traduit par de fréquentes inadéquations - pénuries chroniques- (PNUE, 1997).

Ces pénuries, considérées comme "normales" dans un tel contexte constituent le facteur limitant le plus contraignant pour le développement durable des régions arides. La nécessité de gérer au mieux la ressource en eau mobilisable imposera le choix d'objectifs prioritaires et la structuration d'une stratégie de développement visant la durabilité.

L'aridité peut être aggravée par la sécheresse, conjoncture hydrométéorologique temporaire dont il s'agira de prévenir les effets négatifs.

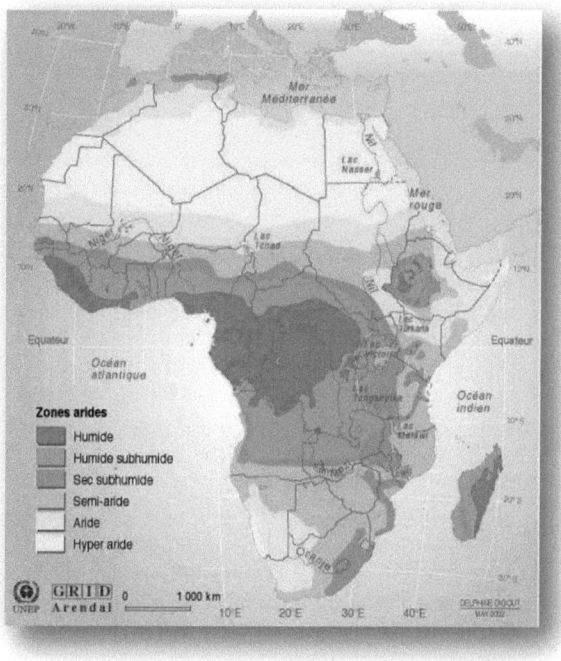

Fig.2 : Répartition des zones d'aridité en Afrique (PNUE, 2001)

Les périodes de sécheresse qui ont durement affecté de nombreuses régions dans le monde durant les deux dernières décennies, ont mis en relief la précarité des réserves en eaux souterraines et de surface dans les zones semi-arides et arides, ainsi que la nécessité de souscrire aux recommandations de la Décennie Internationale de l'eau et d'adapter les politiques de gestion de l'eau. L'amélioration de la gestion intégrée des ressources et demandes en eau a ainsi été retenue comme le premier domaine d'action prioritaire de la Stratégie méditerranéenne pour le développement durable adoptée par l'ensemble des pays riverains de la Méditerranée (PNUE/PAM, 2005).

2.   ... ET EN ALGERIE

En Algérie et particulièrement dans les zones situées au sud de l'Atlas Saharien, la rareté et le caractère aléatoire des précipitations, conjuguée à une désertification de plus en plus inquiétante résultant à la fois des actions anthropiques et de la rigueur des conditions climatiques, sont une réelle menace au développement durable de ces zones.

La surexploitation des eaux souterraines, liée à la forte pression démographique et aux activités d'agriculture, a accentué la tendance à la baisse des niveaux des nappes. *Il s'avère donc nécessaire de <u>mettre en œuvre</u>, parallèlement aux programmes d'exploitation, <u>des études globales pour la reconnaissance des ressources en eaux.</u>*

Située sur le flanc sud des monts de l'Aurès et s'inscrivant ainsi dans le domaine de l'Atlas Saharien, plus exactement dans la zone de transition entre l'Atlas Saharien et le Sahara, la région de Biskra se trouve confrontée à d'énormes difficultés alliant rareté et faible qualité de la ressource hydrique.

Dans cette zone où l'agriculture représente pas moins de 46% de l'activité économique de la population (DPAT, 2008) de vastes programmes d'exploitation des eaux, destinés spécialement à l'irrigation ont été initiés durant les dernières décennies. Des efforts d'aménagement des ressources et de grands projets ont été exécutés, soldés par la réalisation de plusieurs ouvrages dont le barrage « Fontaine des Gazelles », d'une capacité de 55Mm^3. D'autre part, la réalisation de plusieurs projets d'aménagement hydro-agricole ont permis d'améliorer l'irrigation de plusieurs périmètres dans la wilaya à l'image du grand périmètre de M'Keinet dans la plaine d'El Outaya.

Toutefois et malgré l'importance des actions entreprises, les ressources en eau ont montré dans bien des cas leur vulnérabilité aussi bien sur le plan qualitatif que quantitatif. Ainsi, le recours croissant aux prélèvements d'eaux souterraines a provoqué des rabattements importants au niveau des différentes nappes (Larbes, 2005). La région connaît de plus un processus de désertification qui se manifeste sous forme d'ensablement, de dégradation du couvert végétal, de salinisation des sols et d'érosion hydrique et éolienne (Dekhinat, 2009).

Une meilleure connaissance de fonctionnement hydrodynamique des aquifères de la région et des mécanismes de dégradation chimique des eaux, contribuerait à une gestion durable de l'eau et du sol de la région.

En effet, l'amélioration de la gestion des ressources, passent par la connaissance des causes du déséquilibre et des termes du bilan hydrique régional et nécessitent une meilleure maîtrise du fonctionnement des systèmes aquifères exploités et une identification des régimes et du taux de recharge éventuelle.

La recharge d'une nappe souterraine est le processus par lequel le surplus de l'infiltration sur l'évapotranspiration s'écoule à travers la zone racinaire et continue à circuler dans la zone non saturée en direction de la nappe, où il participe au renouvellement des réserves en eau (Freeze et Cherry, 1979).

Les études menées durant les deux dernières décennies, ont montré que les méthodes usuelles d'estimation de la recharge des nappes n'ont pas apporté les précisions souhaitées (Sophocleous, 2004), en particulier dans les régions semi-arides à arides caractérisées par un fort déficit pluviométrique et une évapotranspiration intense.

Il devient alors nécessaire d'appliquer des méthodes multiples afin d'accroitre la validité des estimations de ce paramètre capital.

La contribution à la résolution de ces problématiques, ajoutées à une meilleure caractérisation hydrogéologique et à l'évaluation du potentiel d'exploitation de certaines entités de la région, constituent la trame de cette étude.

3. DEMARCHE METHODOLOGIQUE

La principale préoccupation qui est à la base de cet ouvrage est à la fois thématique et méthodologique.

Sur le plan thématique, il s'agit de :

- ☑ contribuer à une meilleure compréhension du fonctionnement hydrogéologique de certaines nappes de la région étudiée, en procédant à une identification et une caractérisation aussi précise que possible de quelques zones aquifères. A cet effet, les techniques classiques des géosciences (géologie, géophysique, hydrogéologie, hydrochimie) seront appliquées sur deux zones de la région : le système aquifère de la plaine d'El Outaya et la nappe des alluvions de Oued Biskra.
- ☑ analyser l'impact de la mise en service du barrage de « Fontaine des Gazelles » sur le fonctionnement hydrogéologique de la nappe alluvionnaire par le biais d'une étude hydrologique et morphométrique des sous bassins versants alimentant l'oued Biskra.

Sur le plan méthodologique, l'objectif du travail est d'élaborer une démarche contextuelle permettant une contribution à la détermination de la recharge potentielle des aquifères. La méthodologie proposée est une approche cartographique du phénomène, à partir de l'analyse des facteurs majeurs régissant l'infiltration dans ces zones.

L'analyse sera basée sur l'élaboration d'un Système d'Informations Géographiques, grâce à l'établissement d'une base de données des différentes couches spatialisées descriptives de ces différents facteurs.

Les trois parties de ce travail retracent la démarche entreprise pour atteindre ces objectifs.

- ❖ **La première partie :** Cette partie présente l'analyse du contexte géologique et hydrogéologique global de la plaine d'El Outaya et du système aquifère existant selon une vision actualisée. Les grands traits géologiques et structuraux abordés permettent d'esquisser les contours de l'aquifère. Les formations aquifères du Mio-Pliocène et du Quaternaire sont ensuite détaillées avec l'extension des réservoirs, leur géométrie, leurs conditions de gisement ainsi que les caractéristiques hydrodynamiques et géochimiques des eaux.

- ❖ **La deuxième partie :** Elle se focalise sur le problème de la recharge des aquifères en zone aride et sur la méthodologie proposée. Après un rappel sur la physique du phénomène et des différentes méthodes d'estimation de la recharge, une présentation détaillée de la méthodologie adoptée est proposée avec son application sur l'aquifère de la plaine d'El Outaya et les résultats obtenus.

- ❖ **La troisième partie :** Elle se veut une contribution à l'analyse environnementale de l'impact du barrage de Fontaine des Gazelles sur la nappe alluvionnaire. Cette partie débute par une caractérisation hydrogéologique aussi précise que le permettent les études et données disponibles. L'étude d'impact proprement dite est menée sur la base d'une analyse hydrologique des apports des bassins versants à l'oued Biskra. La confrontation des résultats de cette étude hydrologique avec les observations sur les paramètres morphométriques ainsi que la géomorphologie de la plaine nous permettra de nous prononcer sur l'importance de cet impact.

Enfin, Les principaux résultats synthétisés dans la conclusion générale, feront ressortir l'apport appréciable de ces techniques pour l'évaluation et la définition des caractéristiques des systèmes aquifères étudiés en vue de définir les consignes d'une gestion rationnelle de la ressource en eau dans cette région et dans les zones arides en général.

PREMIERE PARTIE
LES RESSOURCES HYDRIQUES DE LA ZONE D'EL OUTAYA

1. CADRE PHYSIQUE

1.1. SITUATION GEOGRAPHIQUE

La zone d'étude, entièrement circonscrite dans la wilaya de Biskra est située dans le nord-est Algérien, à environ 470km au sud-est d'Alger ; plus précisément, entre les coordonnées 33°21' à 35°03' de latitude Nord et 4° 46' 13'' à 6°9'38'' de longitude Est. (fig.3a)

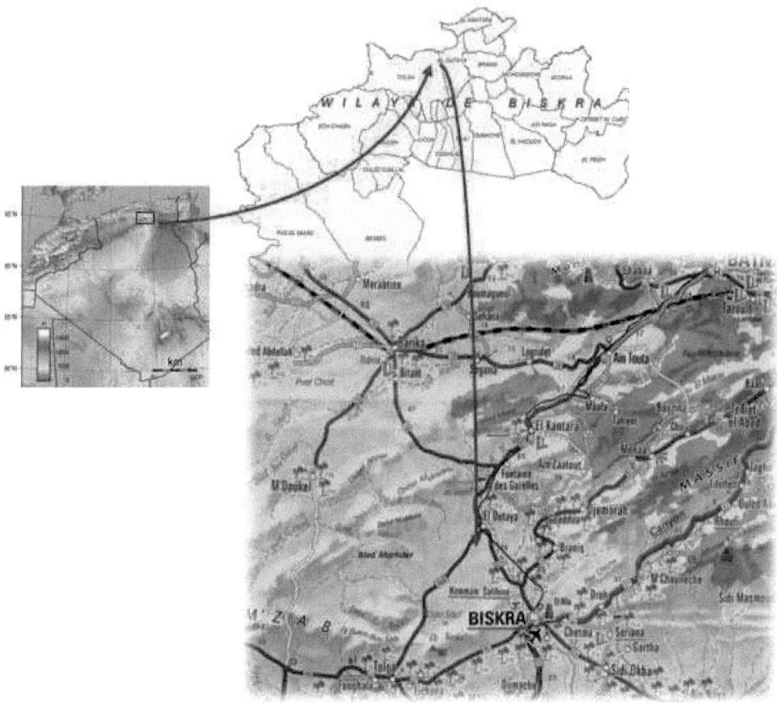

fig.3 a : Situation de la région d'El Outaya

La région de Biskra est bordée, au nord par l'Atlas saharien, qui présente un relief d'orientation SW-NE dont les divisons transversales sont: les monts des Ksour, Djebel Amour, les monts des Ouled Naïl et les monts du Zab-Aurès.

Vers l'est et le nord-est de Biskra, l'Aurès se soulève massivement au-dessus du Bas-Sahara. Ses sommets, aux formes lourdes, dominent de profondes dépressions orientées du sud-ouest au nord-est. Ces dépressions sont marquées par la présence de vallées étroites, parfois coupées de gorges, qui montrent une adaptation partielle de l'hydrographie à la structure.

Au pied de cette masse montagneuse, se trouve le Bas-Sahara qui correspond à une vaste plaine de remblaiement qui s'est affaissée lentement depuis le Crétacé supérieur et l'Eocène jusqu'au Quaternaire. Ce bassin est rempli des dépôts tertiaires continentaux post éocènes, constitués par des sables agglomérés et intercalés de couches argileuses. Le contact entre ces deux domaines se fait par l'accident sud-atlasique d'orientation ouest-est.

Plus au sud, la cuvette des Chotts est une plaine monotone formée d'argiles salées. Elle correspond à une fosse subsidente dont l'épaisseur des sédiments continentaux tertiaires et quaternaires y dépasse localement 1000 mètres.

Il s'agit donc, d'une zone de transition entre deux domaines morpho-structuraux différents: les domaines plissés au nord et les étendues plates et désertiques du Sahara au sud.

La plaine d'El Outaya (fig.3b) est située à 25 km au Nord-Nord-Ouest du chef-lieu de la wilaya de Biskra et relié à ce dernier par la RN3. Elle appartient à la commune d'El Outaya qui fait partie du territoire de la nouvelle daïra d'El Outaya et qui comprend cinq communes : El Outaya, Branis, El Kantara, Djemourah et Aïn Zatout.

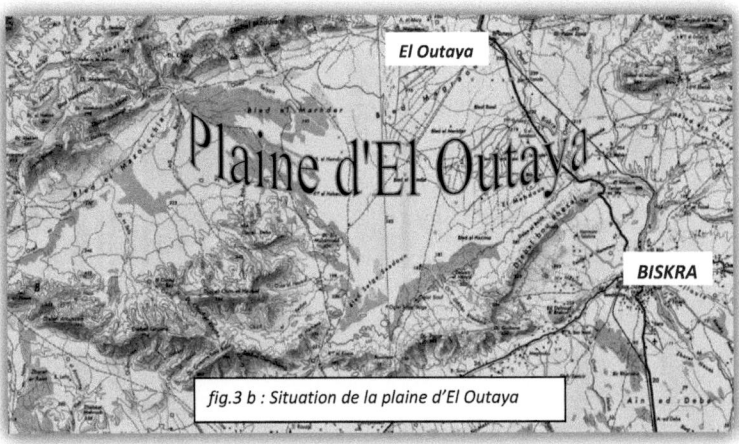

fig.3 b : Situation de la plaine d'El Outaya

La plaine d'El Outaya est dominée par le barrage de « Fontaine des Gazelles » et commence par un étranglement sur près de 10km à partir de l'agglomération d'El Outaya jusqu'à la limite Sud représentée par la commune de Biskra. Elle se développe sur la rive droite de Oued El Haï, sur environ 1293 km² ; les terres de la rive gauche font partie des limites administratives de la commune de Branis.

1.2. RELIEF

La plaine d'El Outaya est formée par les terrasses de Oued El Haï ; elle est entourée par les chaînes de l'Atlas Saharien qui comprennent :
- au Nord, Djebel Metlili domine la cuvette du barrage de fontaine des gazelles ;
- à l'Est la chaîne des Aurès ;
- au Sud, Djebel Boughezal, formant une barrière entre la plaine et la zone de Biskra ;
- à l'Ouest, Djebel Mekrizane tout près et les monts du Zab plus loin.

Les terrasses de Oued El Haï présentent une topographie plane, avec une pente générale de 5% dans le sens Nord-Sud ; dans la même direction, l'altitude passe de 250m à 200m.

1.3. HYDROGRAPHIE

La plaine d'El Outaya est traversée du Nord au Sud par Oued El Haï qui reçoit au nord d'El Kantara les affluents de Oued Tilatou et Oued Fedhala qui prennent naissance dans les montagnes du versant Sud de l'Aurès.

Après la traversée de l'anticlinal de Beni Ferrah (Djebels Fellag et Maghraoua), Oued El Haï prend le nom de Oued Biskra et continue son trajet vers le Sud, traversant la plaine proprement dite et la ville de Biskra pour s'épandre dans le Chott Melghir. Dans sa traversée, il draine l'un des principaux affluents sur sa rive gauche : Oued Branis, nommé à l'amont Oued Abdi. En général, ce réseau hydrographique est représenté par des cours d'eau ayant un écoulement intermittent.

1.4. SOLS ET VEGETATION

Les sols sont de parcours steppique dont la végétation naturelle est dégradée. La région dispose d'une grande variété de sols ayant pour genèse l'interférence de la géologie et de la géomorphologie, d'où résulte la formation de faciès différents.

Nous sommes en présence de sols peu évolués d'apport alluvial et alluvial-colluvial et de sols halomorphes salins. Nous notons aussi l'absence de végétation forestière.

2. HYDROCLIMATOLOGIE

Les conditions climatiques jouent un rôle déterminant dans la réalimentation des nappes aquifères et ce sont les précipitations qui en constituent le facteur essentiel. Elles interviennent par leur répartition annuelle et mensuelle, leur total journalier et surtout les averses génératrices de crues et de précipitations efficaces, particulièrement dans les zones arides.

Ces différents aspects des précipitations sont plus ou moins modifiés selon un effet combiné des autres paramètres physiques (altitude et exposition) et climatiques (température, évaporation, évapotranspiration, vents et humidité) ; autant de facteurs qui influent sur le régime hydrologique des bassins.

Nous présenterons dans cette étude, un aperçu de ces différents facteurs et nous tenterons d'apprécier l'incidence qu'elles peuvent avoir sur l'hydrogéologie de la plaine.

2.1. LES PRECIPITATIONS

Sur un plan général, la consultation de la carte des précipitations de l'Algérie du Nord (fig.4), établie par l'Agence Nationale des Ressources Hydriques (ANRH) pour la période 1965-95, permet de constater que la zone étudiée est caractérisée par une pluviométrie comprise entre les isohyètes 100 et 200 mm.

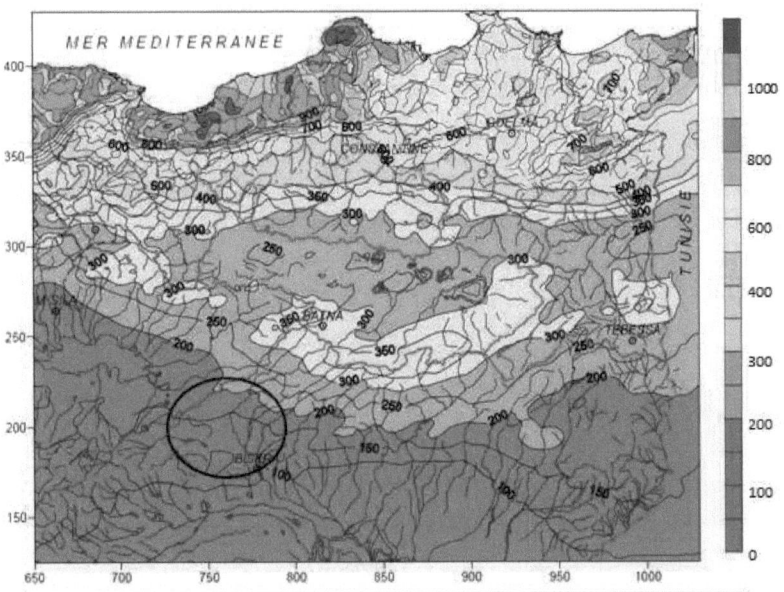

fig.4 : Précipitations annuelles médianes « normales» période 1965-95. (ANRH-GTZ, 2003)

Localement, la région d'El Outaya ne dispose que d'un seul poste pluviométrique, (qui ne fonctionne plus actuellement). Cela nous amène à exploiter le poste de Biskra vu sa proximité ainsi que son fonctionnement régulier et continu pendant de longues années. Les caractéristiques de ces deux stations sont consignées dans le tableau n°1 qui suit.

Station	Code ANRH	Coordonnées		Altitude	Observations
		X	Y		
Biskra	06-14-16	778.27	171.54	85	fonctionnel
El Outaya	06-12-05	764.8	196.2	275	à l'arrêt

Tableau n°1 : Caractéristiques des postes pluviométriques (source ANRH).

Les précipitations mesurées à la station de Biskra et celle d'El Outaya (période commune 1970-2001), caractérisent d'une façon générale les zones de type aride avec une longue saison sèche et chaude en été, et des mois pluvieux en automne, hiver et printemps.

Les précipitations sous forme d'orage (pluies exceptionnelles) sont très rares ; elles sont, en moyenne, de 12 jours/an. Elles sont fréquentes durant la saison sèche (de mai à septembre).

Le tableau n°2 récapitule les précipitations moyennes interannuelles pour la période commune, allant de 1970 à 2001, enregistrées aux postes de Biskra et d'El Outaya et qui sont représentées graphiquement dans la figure 5.

Année	Biskra	El Outaya	Année	Biskra	El Outaya	Année	Biskra	El Outaya
1970	81,1	73,8	1981	114,7	70	1992	202,8	44
1971	223,3	183,5	1982	89,6	107	1993	78	33,2
1972	196,2	168,6	1983	87,2	82,8	1994	121,2	61,3
1973	95,9	66,3	1984	159,4	149,8	1995	212,9	82,8
1974	83,5	75,2	1985	96,9	98,4	1996	116,2	47,1
1975	181,2	119,6	1986	149,5	130,3	1997	169,3	64,7
1976	109,9	212,1	1987	50,2	80,6	1998	96,4	46,6
1977	65,6	66,6	1988	97,5	89,2	1999	124,5	37,2
1978	97,5	100,5	1989	77,7	76	2000	88,9	34,2
1979	99,7	102	1990	127,2	48,1	2001	55,5	81,9
1980	116,2	90,5	1991	133	38			

Tableau n°2 : Précipitations moyennes annuelles aux stations de Biskra et El Outaya. Période 1970-2001

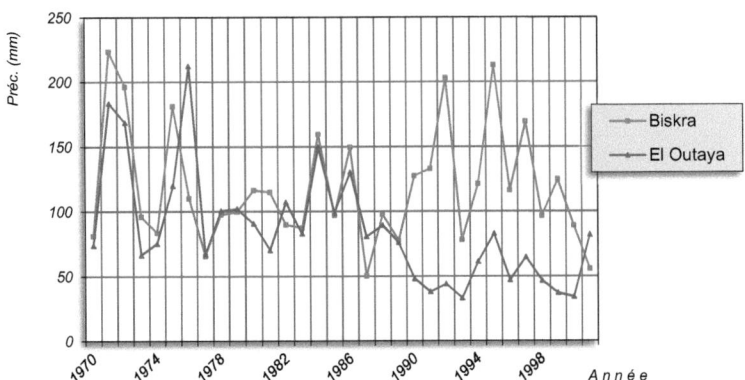

fig.5 : Répartition des précipitations annuelles .Stations de Biskra et El Outaya. Période (1970-2001)

Nous remarquons que les précipitations enregistrées aux deux stations avant 1990 varient sensiblement de la même façon. Néanmoins, à partir de 1990, les valeurs de la station d'El Outaya paraissent trop faibles eu égard à celles enregistrées à Biskra. Nous amputons cela à un probable dysfonctionnement du poste d'El Outaya ou à des mesures aléatoires.

Nous avons par conséquent tenté une correction et une extension de la série par l'intermédiaire d'un test d'homogénéisation, méthode du double cumul et par régression linéaire, en choisissant comme station de référence le poste de Biskra. Le choix de ce poste est justifié par le caractère homogène de cette série.

2.1.1. TEST DE TENDANCE (TEST DE SPEARMAN)

Une série chronologique est dite homogène si elle présente un caractère aléatoire simple, ce qui suppose l'absence de toute tendance (organisation) à l'intérieur de la série.

Le coefficient ρ_s de Spearman dont la valeur est comprise entre -1 et 1 est indicateur de l'absence de tendance ou au contraire de l'existence d'une tendance significative.
Il est égal à 1 (ou -1) dans le cas où la série de données (x_i) est fonction croissante (ou décroissante) de la variable (y_i) correspondant au rang de x_i. Les valeurs intermédiaires renseignent sur le degré de dépendance linéaire entre les deux variables.
Plus le coefficient est proche des valeurs extrêmes -1 et 1, plus la corrélation est forte. Une corrélation égale à 0 signifie que les variables sont linéairement

indépendantes et, par conséquent, la série présente une absence totale de tendance.
Le coefficient de Spearman est donné par :

$$\rho_s = 1 - \frac{6}{n(n^2 - 1)} \sum_{i=1}^{n}(y_i - x_i)^2$$

Appliqué à la série des précipitations annuelles enregistrées à la station de Biskra pour la période 1976-2008, le test de tendance de Spearman donne un coefficient ρ_s **de − 0.117** ; nous sommes donc dans le cas d'une quasi-absence de tendance dans la série, ce qui confirme son homogénéité.

2.1.2. *LA METHODE DU DOUBLE CUMUL*

Cette méthode permet de corriger les valeurs douteuses et d'éliminer les erreurs systématiques qui sont dues à une mauvaise écriture ou transcription ou une erreur accidentelle de manipulation. Cette méthode nécessite d'abord le choix d'une station de base (station de référence) homogène et complète.

Le principe consiste à reporter sur un graphique les précipitations annuelles cumulées de la station à vérifier en fonction de celles de la station de base. Si les couples de valeurs donnent des points qui s'alignent suivant une droite, on conclut que la série est homogène, au contraire s'il apparaît une ou plusieurs cassures dans la distribution des points, la série n'est pas homogène et il faudra trouver l'explication dans le changement du matériel de mesure, le changement d'opérateur, déplacement de la station ou changement de l'environnement du pluviomètre.

On pourra remédier à cette perturbation en multipliant les valeurs de la station à vérifier par le rapport des pentes des droites obtenues.
Le graphe du double cumul obtenu pour la station d'El Outaya (fig.6), avec comme station de référence le poste de Biskra, confirme l'observation relevée précédemment et montre une perturbation assez nette à partir de l'année 1990.

La correction de cette perturbation a permis d'obtenir une série de valeurs corrigées (annexes) qui a servi à l'établissement de la régression linéaire.

2.1.1. *LA REGRESSION LINEAIRE*

Cette méthode permet de combler les lacunes d'observation ou d'étendre une courte série d'observations à l'aide d'une série plus longue ; toutes les deux suivant une loi normale et ayant entre elles une relation linéaire.
Les couples de valeurs présentent une période pluviométrique commune à chaque paire de stations corrélées.

En utilisant la méthode des moindres carrés, nous allons établir l'équation de régression correspondant à la droite d'ajustement d'une station par rapport à la station de référence.

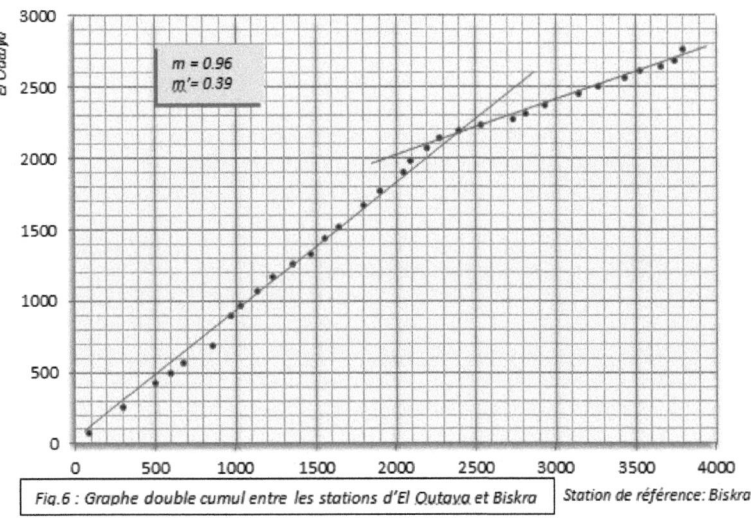

Fig.6 : Graphe double cumul entre les stations d'El Outaya et Biskra | Station de référence: Biskra

L'équation de régression s'écrit : $y = ax + b$

avec a : pente de la droite de régression ; $a = \dfrac{k\sum x.y - \sum x.\sum y}{k\sum x^2 - (\sum x)^2}$

b : ordonnée de la droite de régression ; $b = \dfrac{\sum y - \sum x^2 - \sum x.\sum y}{k\sum x^2 - (\sum x)^2}$

k : nombre d'années communes entre les stations.

Afin d'attester d'une bonne corrélation entre la station de référence et les autres stations, on procèdera au calcul du coefficient de corrélation R donné par :

$$R^2 = \dfrac{k\sum x.y - \sum x.\sum y}{k\sum y^2 - (\sum y)^2}$$

Pour une bonne corrélation R doit être ≥ 0.7

Le graphe ci-dessous (fig.7) représente la droite de régression obtenue :

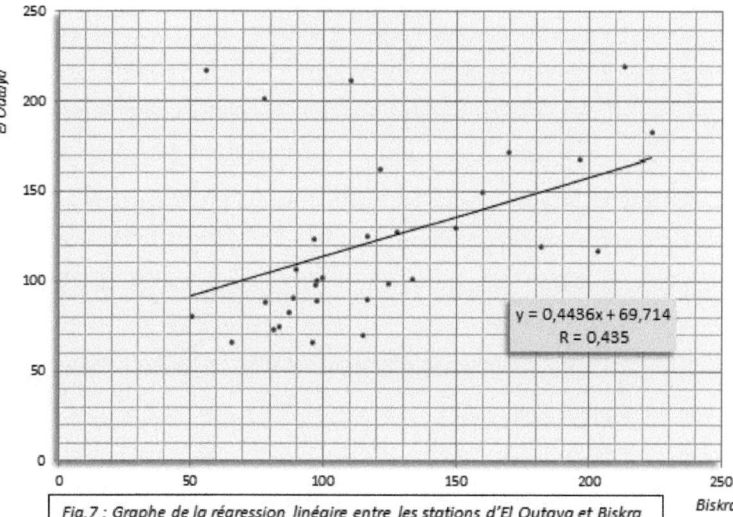

Fig.7 : Graphe de la régression linéaire entre les stations d'El Outaya et Biskra

Le coefficient de corrélation étant de R = 0.435 ; ceci atteste d'une corrélation médiocre.

Ce résultat ne permet par conséquent ni de combler les lacunes relevées à la station d'El Outaya ni de procéder à une extension de cette série.

La détermination de la lame d'eau moyenne précipitée sur la plaine, nécessite un réseau de postes assez dense et couvrant toute la région avec des observations qualifiées ; ce qui n'est malheureusement pas le cas.

Nous nous limiterons donc, pour caractériser la pluviométrie dans la plaine d'El Outaya, aux données de la station de l'Office National de la Météorologie de Biskra, car c'est la station qui se prête le mieux, à caractériser le climat de la zone vu son fonctionnement régulier pendant un nombre d'années assez représentatif (1976/2008).

L'analyse des données des précipitations annuelles (fig.8), mesurées à la station de Biskra pour la période 1976/2008, **montre une moyenne annuelle de 144.26mm.**

Les valeurs moyennes annuelles sont faibles, par contre les irrégularités interannuelles sont importantes avec un maximum de 280.1mm en 2005/06 et un minimum de 35.4mm en 1983/84. En outre, l'examen du graphique montre une tendance générale à une très légère reprise, malgré certaines années sèches (1999 à 2003 à titre d'exemple).

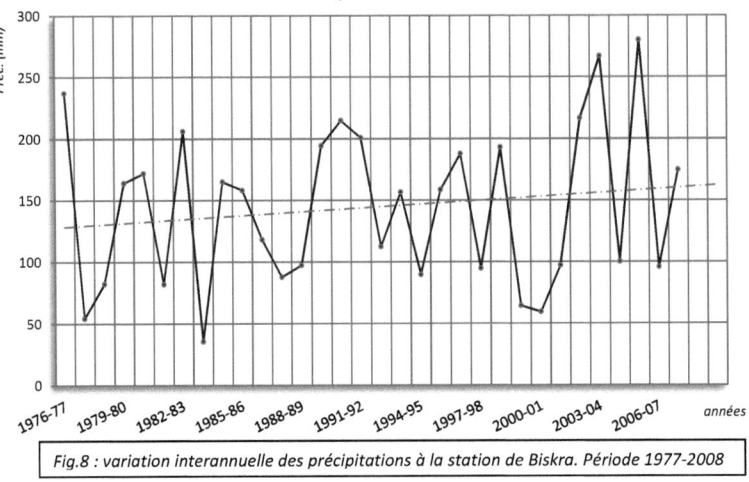

Fig.8 : variation interannuelle des précipitations à la station de Biskra. Période 1977-2008

Les moyennes mensuelles quant à elles (fig.9), montrent que la fréquence des pluies est maximum au mois de décembre tandis que le minimum correspond au mois de juillet. Ce qui caractérise d'une manière générale les zones arides avec une longue saison sèche et chaude en été et des mois pluvieux en automne, hiver et au printemps.

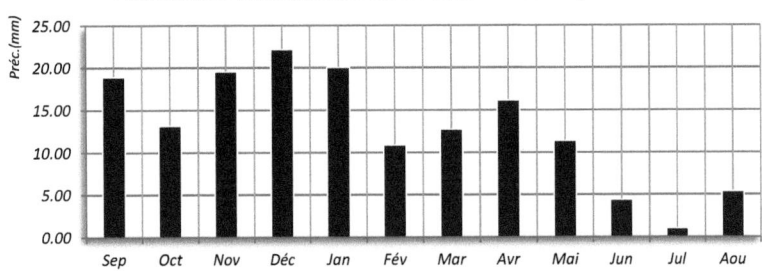

Fig.9 : Précipitations moyennes mensuelles à la station de Biskra. Période 1976-2008

2.2. LA TEMPERATURE

Les valeurs du tableau n°3, reportées sur le graphique (fig.10), montrent que les températures minimales ont été enregistrées aux mois de janvier et décembre avec 12°C, et les températures maximales ont été enregistrées aux mois de juillet et août avec 33°C.

Mois Temp.	Jan	Fév	Mar	Avr	Mai	Jun	Jul	Aoû	Sep	Oct	Nov	Déc	Moy. annuelle
Moyenne	12	13	16	20	25	30	33	33	28	22	16	12	21.7
Maximale	21	24	28	33	38	42	45	44	40	33	26	22	33
Minimale	3	3	5	8	13	18	22	22	17	12	6	3	11
amplitude	18	21	23	25	25	24	23	22	23	21	20	19	22

Tableau n°3 : Températures annuelles à la station de Biskra. Période 1976-2008

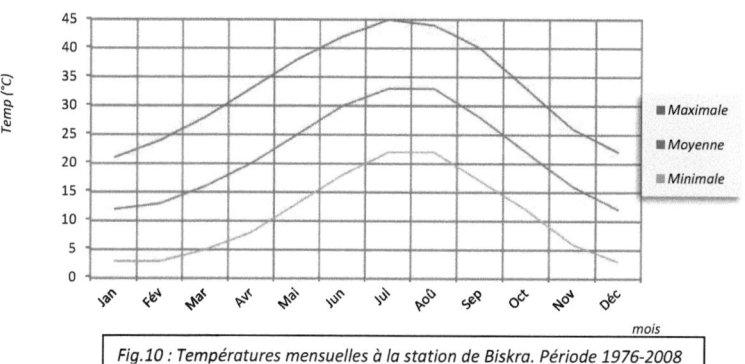

Fig.10 : Températures mensuelles à la station de Biskra. Période 1976-2008

La région de Biskra présente une **température moyenne annuelle de 21,7°C**. L'effet de continentalité est important, les températures n'étant pas soumises à l'influence de la mer. Ceci donne une augmentation sensible de l'amplitude thermique (22°C de moyenne annuelle).

Cette forte chaleur conjuguée à une amplitude thermique très élevée, favorise une intense évaporation.

On constate aussi qu'avec une température de 12°C aux mois de janvier et décembre, la région présente des risques très minimes de gelée au sol.

2.3. LE VENT

Les vents sont fréquents et répartis sur toute l'année avec des vitesses moyennes mensuelles de 4.5 m/s environ ; alors que les vitesses maximales sont enregistrées aux mois d'avril et mai (respectivement 5.7 et 5.5m/s).

Durant la saison sèche (juin, juillet, août et septembre), les vents dominants sont de secteur sud-est. En effet, durant cette période arrivent souvent des siroccos d'une moyenne de 58 jours/an.

Pendant la saison hivernale, les vents du secteur nord-est sont dominants, amenant de l'humidité du Nord.

Mois	Jan	Fév	Mar	Avr	Mai	Jun	Jul	Aoû	Sep	Oct	Nov	Déc	Moy. annuelle
Vitesse moyenne (m/s)	4.2	4.5	4.7	5.7	5.5	4.6	4.2	4.0	4.0	4.0	4.1	4.0	**4.5**

Tableau n°4 : Vitesses moyennes des vents enregistrées à la station de Biskra Période (1980-2001).

2.4. L'HUMIDITE RELATIVE

Ce paramètre est relativement faible dans la zone d'étude ; la moyenne est de 42.9%. Cette faiblesse s'explique par l'aridité du climat et la concentration des masses d'air chaudes du Sahara. Les valeurs moyennes mensuelles sont insérées dans le tableau n°5 ci-dessous.

Mois	Jan	Fév	Mar	Avr	Mai	Jun	Jul	Aoû	Sep	Oct	Nov	Déc	Moy. annuelle
Humidité relative (%)	53.9	50.3	44.7	38.8	34.4	31.9	27.7	30.6	39.7	48.2	53.5	58.5	**42.9**

Tableau n°5 : Humidités relatives moyennes enregistrées à la station de Biskra Période (1980-2001).

2.5. LE REGIME CLIMATIQUE

Trois méthodes ont été retenues pour la détermination du régime climatique, il s'agit de :

2.5.1. L'INDICE DE DE MARTONNE

Noté I, cet indice permet de déterminer le degré d'aridité d'une région. Pour le calculer, on utilise la formule : $I = P/(T + 10)$, où P désigne les précipitations totales annuelles et T la température moyenne annuelle.

Selon De Martonne, des valeurs de I inférieures à 10 caractérisent un milieu aride ; pour des valeurs de I comprises entre 10 et 20, il s'agit d'un milieu semi-aride.

Pour notre zone d'étude, l'indice d'aridité I est de 4.56, cette valeur caractérise parfaitement cette région où les influences sahariennes sont prédominantes ; il s'agit donc d'un milieu aride.

2.5.2. LE DIAGRAMME OMBROTHERMIQUE

Le diagramme ombrothermique de Gaussen & Bagnouls est une méthode graphique qui permet de définir les périodes sèches et humides de l'année, où sont portés en abscisses les mois, et en ordonnées les précipitations (P) et les températures (T), avec P=2T.

La figure 11 ci-après porte le diagramme ombrothermique de la région de Biskra établi à partir des données pluviométriques et thermiques moyennes mensuelles de la période 1976-2008.

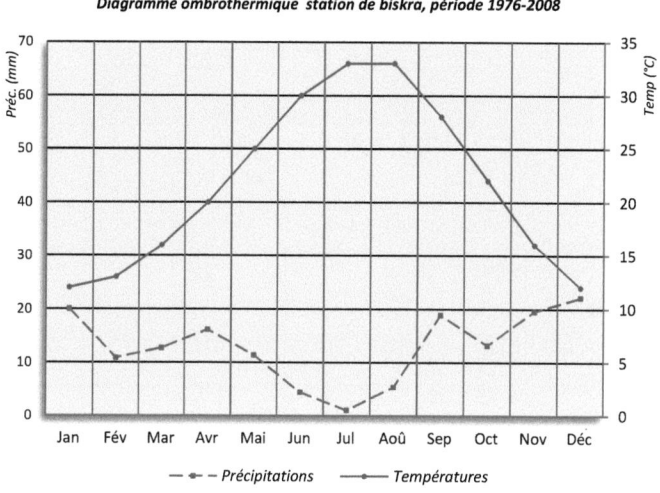

Fig.11 : Diagramme Ombrothermique station de Biskra. Période 1976-2008

Ce diagramme montre que la période sèche s'étale sur la totalité de l'année.

2.5.3. LA CLASSIFICATION BIOCLIMATIQUE D'EMBERGER

Le quotient pluviométrique ou indice climatique d'Emberger, sert à définir les cinq différents types de climats méditerranéens, depuis le plus aride, jusqu'à celui de haute montagne.

Ce quotient est défini par la formule : $Q = 2000\,P / (M^2 - m^2)$

Avec :

- Q quotient pluviométrique d'Emberger
- M la moyenne des températures du mois le plus chaud en °K
- m la moyenne des températures du mois le plus frais en °K
- P pluviométrie annuelle en mm

La formule est parfois adaptée sous la forme suivante (formule de Stewart) :

$$Q_3 = \frac{3.43 * P}{(M-m)}$$

L'abaque de L. Emberger (modifié par Stewart), comporte en ordonnées les valeurs de Q_3 de Stewart, et en abscisses la température moyenne des minimas de la saison froide en °C.

Pour la région d'étude, Q_3 est égal à 11.78 et la moyenne des minimas de la saison froide est égale à 3,6°C ; le point ainsi obtenu sur l'abaque (fig.12) montre que la zone est circonscrite dans l'étage bioclimatique saharien.

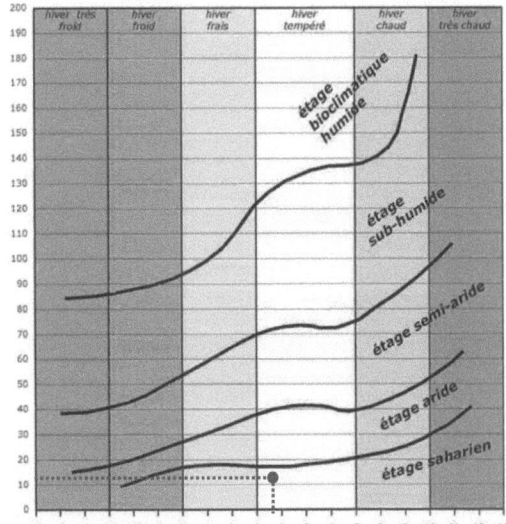

Fig.12 : Climagramme de L. Emberger à la station de Biskra (modifié par Stewart)

A la lumière des résultats des différentes méthodes, nous noterons que la région étudiée est caractérisée par un climat aride avec des influences franchement sahariennes et une période sèche couvrant toute l'année.

2.6. EVALUATION DU DEFICIT D'ECOULEMENT

L'évapotranspiration est une des composantes fondamentales du cycle hydrologique et son étude est essentielle pour l'établissement du bilan hydrique d'une région. Le phénomène de l'évapotranspiration se compose de l'évaporation directe qui s'effectue à partir des sols humides et des différents plans d'eau, ainsi que de la transpiration des végétaux.

On distingue une évapotranspiration potentielle (ETP) qui correspond à la quantité d'eau susceptible d'être évaporée dans des conditions d'alimentation excédentaires, et une évapotranspiration réelle (ETR) qui est la réponse, en termes de vapeur d'eau, d'un milieu donné à la demande exercée par l'évapotranspiration potentielle, compte tenu de la quantité d'eau disponible.

2.6.1. CALCUL DE L'EVAPOTRANSPIRATION POTENTIELLE (ETP)

Deux formules empiriques ont été mises au point pour le calcul de l'ETP : la formule de Serra (1) et la formule de Thornthwaite (2).

❖ *Formule de Serra:*

Serra propose pour le calcul de l'ETP la formule suivante :

$$ETP_c = 16 * K * \left(10T/I\right)^a \quad (1)$$

avec : $I = \sum_{i=1}^{12} i$; $i = 0.09 * T^{3/2}$ et $a = 1.6 * I/100 + 0.5$

ETP_c = évapotranspiration potentielle corrigée
T : Température moyenne mensuelle (°C) ;
I = somme des indices thermiques mensuels i
a = exposant égal à 2.32 pour la station de Biskra ;
K = facteur de correction tabulé, fonction de la latitude

❖ *Formule de Thornthwaite :*

La même formule que celle de Serra est proposée par Thornthwaite ; la différence réside dans le calcul de l'indice thermique mensuel (i) et la formulation de l'exposant (a).
La formule est la suivante :

$$ETP_c = 16 * K * \left(10T/I\right)^a \quad (2)$$

avec : $I = \sum_{i=1}^{12} i$; $i = \left(T/5\right)^{1.514}$ et $a = (0.492 + 1.79 * 10^{-2}I - 7.71 * 10^{-5}I^2 + 6.75 * 10^{-7}I^3)$

Les résultats des calculs de l'ETP selon Serra et Thornthwaite sont consignés dans le tableau n°6 ci-dessous :

Mois ETP_c	Sep	Oct	Nov	Déc	Jan	Fév	Mar	Avr	Mai	Jun	Jul	Aoû	Moy.
ETP_c Ser	132	71	20	15	15	18	36	64	119	182	231	218	**1135**
ETP_c Th.	130	64	28	23	21	17	34	63	116	180	230	212	**1124**

Tableau n°6 : ETP moyennes mensuelles et annuelles station de Biskra, Période (1976-2008).

2.6.2. CALCUL DE L'EVAPOTRANSPIRATION REELLE (ETR)

Elle a été calculée à partir des formules empiriques de Turc, Coutagne ainsi que par l'abaque de Wundt.

❖ *Formule de Turc :*

Turc propose pour le calcul de l'ETR la formule suivante, applicable à tous types de climats :

$$ETR = P \Big/ \sqrt{0.9 + \frac{P^2}{L^2}} \;;\quad L = 300 + 25*T + 0.05*T^2$$

P= Précipitation moyenne annuelle ; T= Température moyenne annuelle ;
L = pouvoir évaporant ; ETR = évapotranspiration réelle en mm

L'application de cette formule a donné une ETR de 148 mm pour la zone d'étude

❖ *Formule de Coutagne :*

Coutagne a établi une autre formulation avec les mêmes facteurs que pour la formule de Turc, i.e. les moyennes annuelles des précipitations et des températures ; la formule s'établit comme suit : $ETR = P - \lambda P^2$; $\lambda = \frac{1}{(0.8+0.14T)}$; avec comme condition d'application $1/8\lambda < P < 1/2\lambda$

P= Précipitation moyenne annuelle; T= Température moyenne annuelle; λ = Facteur, fonction de la température; ETR = évapotranspiration réelle en mm

Le calcul a donné pour λ *une valeur de 0.26 ;* la condition d'application n'étant pas vérifiée, la formule de Coutagne n'est donc pas applicable.

❖ *La méthode de Wundt :*

Le déficit d'écoulement peut être déduit à partir de l'abaque de Wundt qui tient compte de la température et la précipitation, moyennes annuelles.

En projetant le point qui a pour coordonnées (21.6°C, 144.26mm) sur l'abaque (fig.13), la valeur de l'ETR obtenue est de 200mm pour la région de Biskra.

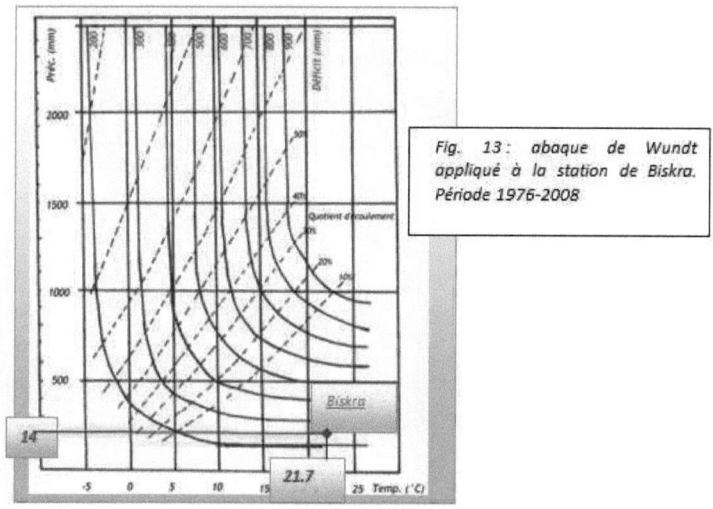

Fig. 13 : abaque de Wundt appliqué à la station de Biskra. Période 1976-2008

2.7. BILAN D'EAU DE THORNTHWAITE

Le bilan d'eau proposé par Thornthwaite permet d'estimer mensuellement l'évapotranspiration réelle, en tenant compte de la recharge des sols due aux précipitations et de la décharge, due à l'ETP.

Ce bilan fait intervenir la notion de réserve facilement utilisable (RFU) ; l'estimation de ce paramètre est basée sur l'application de la formule de Hallaire (in Gouaidia, 2008) :

$$RFU = \frac{1}{3} * D_a * H_e * P$$

où D_a : densité apparente du sol estimée à 1.4 g/cm³
H_e : Humidité équivalente en %, égale à 42.9%
P : Profondeur d'enracinement, estimée à 50 cm

Nous obtenons alors une valeur de RFU sensiblement égale à 100mm et qui correspond bien à la valeur proposée par C.W. Thornthwaite.

L'établissement du bilan fait intervenir l'ETP et les précipitations ; le principe est le suivant :

    a. Si P>ETP ; l'ETR=l'ETP, l'excédent va alimenter la RFU. La quantité qui dépassera la réserve cumulée de 100mm admise comme réserve en eau du sol à saturation, constituera l'excédent de Thornthwaite qui va alimenter le ruissellement et l'infiltration.

    b. Si P<ETP ; l'ETR=P+une partie de la RFU, jusqu'à égaler la valeur de l'ETP.

* Si la RFU est assez élevée pour combler l'insuffisance des précipitations, l'ETR encore égale à l'ETP ; les réserves du sol sont alors déduites de la différence (ETP-P) du mois considéré.
* Si la RFU est insuffisante pour satisfaire l'ETP, l'ETR reste inférieure à l'ETP et sera égale à P+RFU (réserves disponibles).

Les résultats du calcul du bilan hydrique sont consignés dans le tableau n° 7 suivant :

Mois	Sep	Oct	Nov	Déc	Jan	Fév	Mar	Avr	Mai	Jun	Jul	Aoû	Moy.
P (mm)	17.9	12.2	18.5	21.1	18.2	10.9	11.7	14.6	10.4	03.4	01.0	04.4	144.3
ETP (mm)	130.6	64.9	28.4	23.5	21.4	17.8	34.8	63	116.4	180.5	230.4	212	1124.1
ETR (mm)	17.9	12.2	18.5	21.1	18.2	10.9	11.7	14.6	10.4	03.4	01.0	04.4	144.3
R. du sol	0	0	0	0	0	0	0	0	0	0	0	0	0
Excédant (mm)	0	0	0	0	0	0	0	0	0	0	0	0	0
Déficit (mm)	112.7	52.7	09.9	02.4	03.2	06.9	23.1	48.4	106	177.1	229.4	208	979.8

Tableau n°7 : Bilan d'eau de Thornthwaite station de Biskra, Période (1976-2008).

Nous constatons que les précipitations sont toujours inférieures à l'ETP ; l'ETR est donc égale aux précipitations (144.3mm), ce qui conduit à un déficit couvrant toute l'année hydrologique. La réserve utile du sol n'atteint jamais son maximum qui est de 100mm telle que suggérée par Thornthwaite dans sa formulation. Ce déséquilibre entre les précipitations et l'évaporation montre la nécessité d'une irrigation importante pour l'agriculture.

2.8. DETERMINATION DE LA LAME RUISSELEE

La plaine d'El Outaya est drainée par un important oued qui est oued El Haï. La seule station hydrométrique contrôlant cet oued se trouve au Nord et à l'amont de la plaine, à El Kantara, avec une aire de réception de 1170 km².

Les données hydrométriques qui sont à notre disposition intéressent la période allant de 1986 à 1992. Les débits moyens mensuels et annuels ainsi que les apports de oued El Haï sont résumés dans le tableau ci-après :

Mois	Sep	Oct	Nov	Déc	Jan	Fév	Mar	Avr	Mai	Jun	Jul	Aoû	Moy. annuelle
Q moyen (mm)	0,412	0,346	0,125	0,080	0,167	0,444	0,730	0,230	0,165	0,109	0,070	0,686	0,297
Apport moyen (hm³)	1,091	0,927	0,325	0,213	0,446	1,080	1,956	0,595	0,441	0,283	0,208	1,837	9,402
Lame ruisselée (mm)	0,932	0,792	0,278	0,182	0,381	0,923	1,672	0,509	0,377	0,242	0,178	1,570	8,036

Tableau n° 8 : Données hydrométriques de l'oued El Haï à la station d'El Kantara (1986-1992)

Les résultats ci-dessus indiquent un apport moyen annuel de Oued El Haï de 9.4 hm³ ; donnant en conséquence, **une lame ruisselée de 8,04mm**.

Parallèlement, l'application de la formule de Tixeront-Berkaloff, permet le calcul du ruissellement, donné par la formule : $R = P^3/3(ETP)^2$

où : R représente la lame ruisselée en mm
P la précipitation moyenne annuelle en mm
ETP l'évapotranspiration potentielle en mm

Le calcul par cette formule donne une lame ruisselée moyenne annuelle de 0.74mm.

2.9. DISCUSSION DES RESULTATS ET CONCLUSION

Nous avons observé auparavant qu'au pas de temps mensuel, les précipitations sont toujours inférieures à l'évapotranspiration, conduisant ainsi à un déficit durant toute l'année hydrologique, ce qui se traduirait par des valeurs nulles du ruissellement et de l'infiltration. Or, des observations et des mesures sur terrain ont montré (L. Mimeche, 2000) que suite à des averses importantes survenues le 22 et 23 avril 1998 (47mm), des variations des niveaux statiques de la nappe ont été mises en évidences. Ces variations sont très probablement dues à l'infiltration de ces pluies concentrées sur deux journées.

Nous pouvons donc noter que les pluies de faible intensité ne jouent pas un rôle important dans l'alimentation des nappes par infiltration, et une forte proportion des eaux précipitées est reprise par l'évaporation.

Cependant, l'alimentation des nappes s'effectue lors des pluies orageuses de forte intensité et qui restent exceptionnelles et très rares dans la région de Biskra.

En outre, une nette différence est constatée entre le ruissellement mesuré au niveau de la station hydrométrique d'El Kantara et celui calculé par la formule de Tixeront-Berkaloff. Ceci nous amène à émettre les hypothèses suivantes:

- ✓ l'ETP utilisée dans la formule de Tixeront-Berkaloff serait surestimée ; la valeur calculée ne reflétant donc pas la valeur réelle du ruissellement ;
- ✓ La différence entre les deux valeurs de ruissellement (celui calculé par la formule de Tixeront-Berkaloff et celui mesuré à la station d'El Kantara) peut être considérée comme étant formée de deux parties : une partie va s'infiltrer pour alimenter la nappe d'inféroflux de Oued El Haï et l'autre sera reprise par l'évaporation.

En conclusion, nous retiendrons que la plaine d'El Outaya est soumise à un climat aride avec des tendances franchement sahariennes, caractérisé par des mois pluvieux en hiver et un été chaud et sec. Les précipitations d'une moyenne annuelle de 144.3 mm sont d'origine orographique et la température moyenne annuelle est de 21.7 °C. Cette forte chaleur est due à la concentration des masses d'air chaud du Sahara, ce qui donne une augmentation sensible de l'amplitude thermique favorisant ainsi une intense évaporation.

L'évapotranspiration est très importante dans le secteur étudié, elle est de 1124 mm ; entrainant une reprise totale de toutes les précipitations par l'évaporation et engendrant une période sèche couvrant toute l'année.

L'estimation de l'infiltration par le biais du bilan hydrologique proposé par Thornthwaite ne s'adapte pas à ce type de climat. En effet, ce bilan montre un déficit durant tous les mois de l'année ce qui impliquerait une infiltration annuelle nulle, ce qui n'est pas le cas.

Enfin nous pouvons retenir qu'en zone aride, contrairement à ce que l'on observe dans les zones humides, et du fait de la déperdition du débit de l'amont vers l'aval par infiltration et évaporation, l'écoulement total est nettement inférieur aux précipitations efficaces. Les ressources en eau renouvelables doivent être par conséquent, définies par les apports et non par les écoulements considérés à l'exutoire des bassins, surtout lorsque ces derniers sont très étendus.

3. GEOLOGIE

3.1. INTRODUCTION

La structure de l'Algérie du Nord est due aux mouvements hercyniens et alpins. Ces manifestations tectoniques ont permis l'individualisation des grands ensembles géologiques suivants (fig.14):

- ❖ *Domaine de l'Atlas tellien* : il se subdivise en **Tell Septentrional** ou **domaine interne** qui est représenté par les massifs de Chenoua, Ténes, Alger, Grande Kabylie et le massif de l'Edough, ainsi que les bassins du littoral tel que la plaine de la Mitidja ; et **le Tell Méridional** ou **domaine externe** qui forme une large bande entre le domaine interne et l'autochtone présaharien. Il est représenté par les dépressions à remplissage Néogène telles que la plaine du Cheliff, Beni Slimane, Aribs, et la Soummam ainsi que la chaîne des Bibans et l'Ouarsenis.

- ❖ *Domaine des hautes plaines* : ce domaine peut être subdivisé en deux zones distinctes ; une zone plus méridionale appelée **couloir préatlasique**, sur laquelle sont implantées plusieurs cuvettes topographiquement fermées et dont les zones les plus basses sont occupées par des chotts (chotts : Chergui, Hodna, Zahrez, ...etc.) et une zone septentrionale, plus tectonisée que la précédente, nommée **chaîne préatlasique** qui est jalonnée par des reliefs souvent imposants tels que les monts du Hodna.

- ❖ *Domaine de l'Atlas Saharien* : il est constitué d'un ensemble de chaînons orientés Nord-Est Sud-Ouest : les monts des K'sours, le Djebel Amour, les monts des Ouled Naïl et les Aurès, qui s'intercalent entre l'Atlas Tellien et les Hauts Plateaux au Nord et la Plateforme Saharienne au Sud. Ce domaine correspond à deux grands ensembles bien individualisés : l'Atlas Saharien à l'Ouest et les Aurès-Nementcha à l'Est.

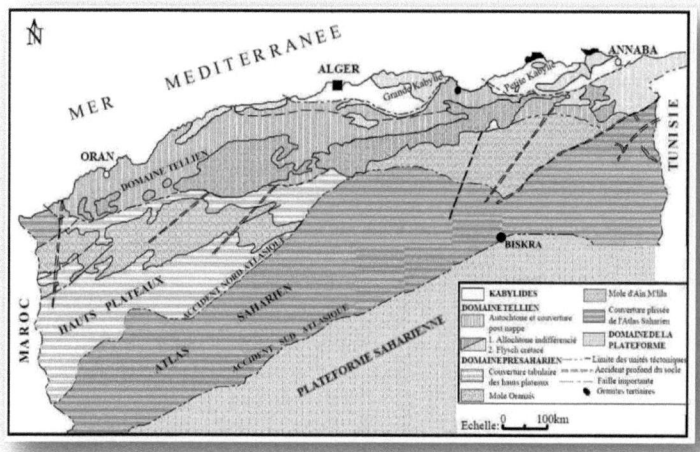

Fig.14 : Principaux ensembles géo-structuraux de l'Algérie (d'après Hadj-Saïd, 2007)

La limite méridionale de l'Atlas Saharien est marquée par une série d'accidents souples ou cassants, constituant la « flexure Sud Atlasique » ou bien « accident Sud Atlasique » (fig.15). Au-delà de cette flexure, c'est le domaine de la plateforme saharienne.

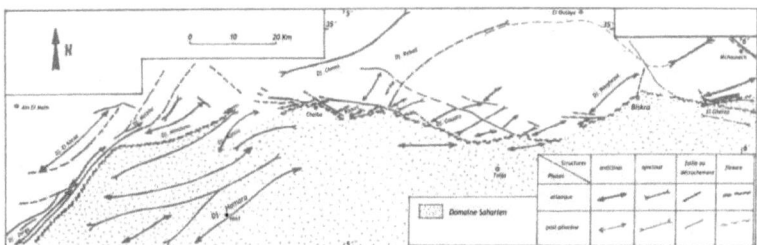

Fig.15 : tracé de « l'accident sud-atlasien » au sud du Hodna (d'après Guiraud 1990)

La zone d'El Outaya se situe sur le flanc sud des monts de l'Aurès, s'inscrivant ainsi dans le domaine de l'Atlas Saharien et plus exactement dans la zone de transition structurale et sédimentaire entre l'Atlas Saharien et la flexure Sud Atlasique.

La plaine d'El Outaya est caractérisée par une géologie très complexe et fortement tectonisée. Elle occupe un vaste synclinal post-Miocène moyen, affecté de rides anticlinales mineures. Elle se présente comme un empilement sous forme de lentilles argilo sableuses, remplissant une cuvette légèrement allongée d'est en ouest. Le remplissage mio-pliocène constitue une surface topographique régulière du nord au sud et le Quaternaire est formé de matériaux détritiques de comblement.

La compilation des travaux de R. Laffite, 1939, de N. Gouskov, 1952 et de R. Guiraud, 1990 ont permis de dégager les principales unités lithostratigraphiques et structurales de la plaine d'El Outaya.

3.2. LITHOSTRATIGRAPHIE

La série lithostratigraphique comprend de bas en haut les termes suivants :

3.2.1. LE TRIAS

Il affleure au nord d'El Outaya, au Djebel El Melah. Il est caractérisé par la conservation de sel gemme en affleurement, qui forme la masse de cette montagne. Il est associé à des lambeaux de marnes violettes abondantes uniquement à sa bordure est, au milieu desquels on trouve les cristaux fréquents de ce faciès, tels que : l'aragonite, l'anhydrite, la dolomie, le quartz bi-pyramidé et l'hématite.

L'attribution de ces terrains au Trias est confirmée par la tectonique qui montre que le sel gemme vient de la profondeur, car il a remonté avec lui des fragments de sa couverture, entre autres des dolomies du Lias.

L'abondance du sel qui caractérise cet affleurement est due au fait que ce pointement étant récent (post-Miocène), le sel n'a pas eu le temps d'être dissous.

3.2.2. LE LIAS

On le rencontre dans un endroit très restreint au nord-est d'El Outaya où il est caractérisé par une sédimentation dolomitique (dolomies bréchoïdes).

3.2.3. LE JURASSIQUE

Aucun affleurement du Jurassique n'est à signaler dans la plaine d'El Outaya. Les terrains les plus anciens visibles en situation normale dans l'Aurès, constituent, entre les vallées de l'oued Abdi et l'oued Labiod, le cœur de l'anticlinal de djebel El Azreg.

On peut y reconnaître du centre vers la périphérie : le Kimméridgien, le Portlandien et le Berriasien.

❖ *Le Kimméridgien :*

Il est subdivisé en Kimméridgien inférieur, constitué de calcaires marneux, de brèches ainsi que des marnes jaunâtres parfois colorées en rouge brique par l'oxyde de fer. Ces assises ont fourni des débris d'ammonites, de crinoïdes et de bryozoaires.

Le Kimméridgien supérieur affleure au centre de l'anticlinal de Djebel El Azreg. Il est le seul affleurement normal de cette formation qui est marneuse et puissante de 400m avec des bancs de calcaires montrant à leur surface de petits lamellibranches.

❖ *Le Portlandien et le Berriasien:*

Cette formation se présente sous deux faciès bien distincts mais qui passent progressivement de l'un à l'autre.

Au nord, un faciès calcaro-marneux ou calcaire qui englobe le Portlandien et le Berriasien et surmonté en concordance par le Valanginien. Ces assises sont peu épaisses (5 à 6m).

Au sud-ouest, un faciès dolomitique dont l'extension a varié et se trouve maximale à la partie supérieure du Portlandien. On note la présence d'organismes récifaux dans les parties périphériques épargnées par la dolomitisation. Au-dessus de ces dolomies, le Berriasien est représenté par des faciès néritiques à brachiopodes ; l'épaisseur est moins importante que celle du flanc nord-ouest.

3.2.4. LE CRETACE

Il se subdivise en deux sous étages, le Crétacé inférieur allant du Valanginien à l'Albien inclus et le Crétacé supérieur du Cénomanien au Sénonien.

❖ *Le Crétacé inférieur :*

Il est caractérisé par une prédominance de faciès gréseux et par une épaisseur considérable pouvant atteindre 2000m ; on distingue de bas en haut :

- <u>Le Valanginien</u> : il affleure uniquement dans l'anticlinal de djebel El Azreg, en forme d'auréole tout autour du Jurassique et se compose essentiellement de marnes verdâtres et jaunâtres ainsi que de petits bancs de quartzites. Il est formé :
  - à la base, par des assises marneuses ;
  - au niveau de la partie moyenne par des calcaires à ostracodes et des grès ;

- à la partie supérieure, tantôt par des grès, tantôt par des calcaires pisolithiques.

Cette succession de faciès indique une diminution de profondeur due à l'accumulation de sédiments, comme le prouve leur épaisseur importante qui est d'environ 480m.

- l'Hauterivien : il affleure également dans l'Aurès (anticlinal de djebel El Azreg), dessinant une auréole régulière où il forme autour des dépressions occupées par les marnes valanginiennes, des escarpements calcaires ou gréseux avec des passées calcaires alternant avec des bancs de grès. L'épaisseur de cet étage est considérable, il peut atteindre 1000m.

- le Barrémien : dans l'Aurès, cet étage est essentiellement quartzeux et présente une épaisseur de 850 à 900m par endroits. Il affleure au sud-est d'El Outaya, à Chaïba où il est formé par des grès rouges avec des intercalations argileuses.

Au sud de la plaine, à Koudiat El Leham (anticlinal de djebel Boughezal), se voient sur 20m d''épaisseur, des argiles rouges légèrement gréseuses sans fossiles marins mais avec du bois fossile, démontrant l'origine continentale et subaérienne de cette formation. Selon R. Laffite, ce lambeau représente les strates les plus anciennes visibles dans cet anticlinal et vu sa faible épaisseur, il ne doit représenter que le Barrémien.

- L'Aptien : il affleure dans tous les anticlinaux de l'Aurès où il est caractérisé par un régime de sédimentation lagunaire avec quelques invasions marines.

A Chaïba (sud d'El Outaya), il est représenté par des argiles, marnes versicolores, anhydrites, calcaires dolomitiques et dolomies sur une épaisseur de 60m environ.

A Koudiat El Leham, il est représenté par des calcaires à orbitolines et des tubes d'annélides, sur une vingtaine de mètres d'épaisseur environ.

- L'Albien : il débute dans l'Aurès par des alternances de grès et de marnes atteignant souvent 150 à 200m d'épaisseur, devenant bariolés à rougeâtres vers le sud-ouest. Par la suite, les calcaires tendent à se substituer aux grès, tandis que les faunes pélagiques font leur apparition.

Au sud d'El Outaya, à Koudiat El Leham, et au nord-est de Chaïba, une coupe relevée par R. Laffite montre un Albien inférieur sous un faciès continental, formé d'une alternance de grès sableux et de marnes, et un Albien supérieur sous un faciès sub-récifal, formé d'une alternance de calcaires dolomitiques et de lumachelles. La puissance totale est de 250m environ.

❖ *Le Crétacé supérieur :*

Il forme l'essentiel des affleurements mésozoïques dans les confins de l'Aurès et des Zibans où il montre des variations de faciès liées au développement important que prennent les carbonates au dépend des marnes au voisinage de Biskra. On distingue de bas en haut :

- Le Cénomanien : il existe dans tous les anticlinaux de l'Aurès, sous forme d'auréole autour des massifs formés par le Crétacé inférieur. Il est caractérisé par une faune abondante (échinides, ostracées) surtout à la partie supérieure qui est le plus souvent marno-calcaire tandis que la partie inférieure est généralement marneuse. La sédimentation détritique a complètement disparu, cependant l'épaisseur de l'étage est considérable, atteignant parfois 1000m

  Au sud d'El Outaya, sur les flancs de djebel Boughezal, le Cénomanien est constitué par 500m de calcaires cristallins et de calcaires marneux avec des intercalations marneuses et gypseuses.

- Le Turonien : à la périphérie de l'Aurès, le Turonien est représenté par des récifs et des calcaires à rudistes sur 200m d'épaisseur environ. Au cœur du massif, le faciès devient calcaro-marneux.

  Il affleure au nord-ouest d'El Outaya, aux djebels Oum Djenib et Tenia, et à l'est au djebel Teniet Erriah, où il est constitué de calcaires cristallins, calcaires marneux et de calcaires dolomitiques. Son épaisseur varie entre 200 et 300m.

  Au niveau de l'anticlinal de djebel Boughezal (à col Sfaa), le Turonien est représenté uniformément dans toute la zone montagneuse ; il est forméde calcaires massifs contenant des hippurites, le tout sur une épaisseur de 200 à 300m.

- Le Sénonien : il existe dans tous les synclinaux de l'Aurès ainsi qu'autour des anticlinaux. Il est très épais (2000m en moyenne) et occupe en affleurement des surfaces considérables.

Sa partie supérieure, formée généralement de calcaires massifs, donne des crêtes immenses et continues qui sont un des éléments caractéristiques de l'orographie de la région.

Au nord-est d'El Outaya, au djebel el Melah, le noyau de percement triasique a amené en affleurement un petit îlot de marnes noires et de calcaires crayeux assez fossilifères situé au pied de cette montagne, attribué par R. Laffite au Campanien. Au nord et à l'est de ces marnes, affleurent des calcaires massifs que cet auteur, à cause de leur position au dessus du Campanien et de leur faciès, attribuait au Maestrichtien. Le sondage SP3 (fig.16) montre que le Sénonien est formé de calcaires durs dolomitiques fissurés.

Sur le versant nord de l'anticlinal de Boughezal, le Sénonien est représenté par d'importantes masses calcaires maestrichtiennes, sur une épaisseur de 400 à 500m environ, en même temps que se développe un faciès à rudistes exceptionnel.

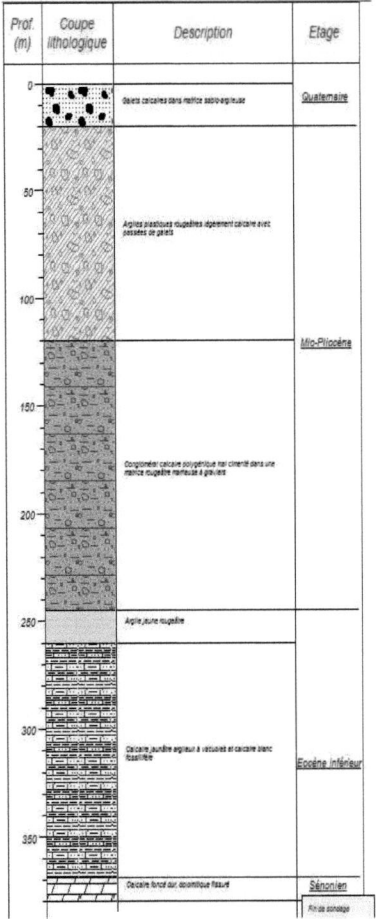

Fig.16 : Sondage SP3

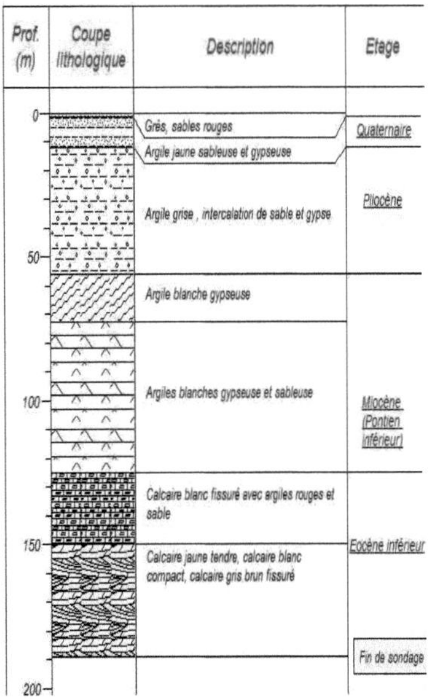

Fig.17 : Sondage Bir Labrache n°2

3.2.5. LE NUMMULITIQUE

❖ *Série marine du Nummulitique (Eocène inférieur et moyen)*

Aucun sédiment marin plus ancien que le Lutétien n'est connu dans l'Aurès. Avant le Burdigalien qui repose en transgression et en discordance sur tous les terrains sans exception, seuls les terrains continentaux s'intercalent parfois entre le Lutétien et le Burdigalien. Cette période correspond à l'émersion et au plissement de la région.

- L'Eocène inférieur : il affleure à l'est-sud-est de djebel El Melah. Il est représenté par quelques dizaines de mètres de marnes jaunes verdâtres légèrement gypseuses et des calcaires argileux à lamellibranches. Un banc de calcaire micro-conglomératique à pecten, marque l'implantation de la sédimentation marine.

Cette formation affleure également au nord de Tolga et à l'est d'El Outaya (djebel Ahmar) où elle est représentée par des calcaires riches en silex noir et souvent fissurés. C'est d'ailleurs ce que confirment les sondages de Bir Labrache n°2 (fig.17) et celui du SP3 (fig.16) qui montrent que l'Eocène est souvent formé de calcaires blancs fissurés.

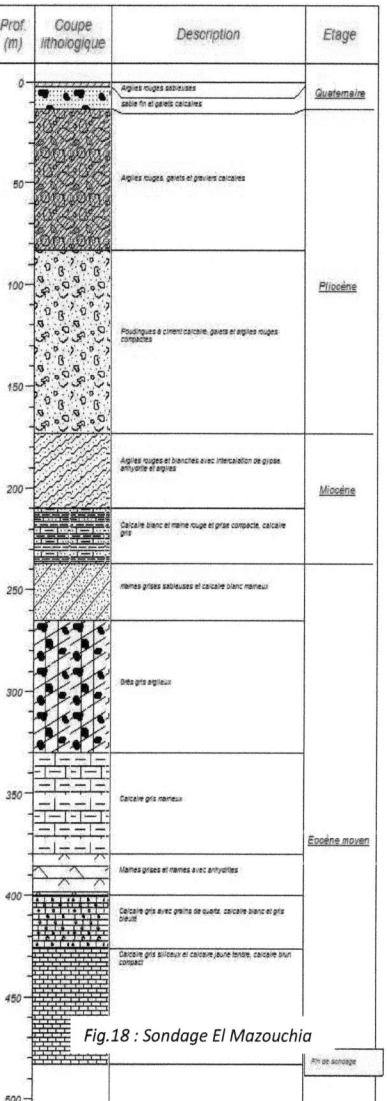

Fig.18 : Sondage El Mazouchia

- **L'Eocène moyen** : il affleure à l'est d'El Outaya, sur le flanc nord de djebel Ahmar. Il est caractérisé par une sédimentation lagunaire de type : argiles, gypse, anhydrites et calcaires ; sa puissance varie de 100 à 400m environ. La coupe lithologique du sondage d'El Mazouchia (fig.18) montre que l'Eocène moyen est constitué d'une alternance de calcaires et de marnes au sommet, et des calcaires à la base, le tout sur une épaisseur de 270m environ.

❖ *Série continentale du Nummulitique (Eocène supérieur)*

Dans l'Aurès, le Nummulitique continental se trouve dans deux situations différentes :
- Dans les synclinaux où il commence à se former dès l'émersion de la région, recouvrant en concordance le Burdigalien.
- En discordance sur tous les termes des séries plus anciennes affleurantes dans l'Aurès, jusqu'au Trias

Le Nummulitique continental n'affleure pas dans la plaine d'El Outaya mais on le rencontre dans certains endroits dans l'Aurès. A Menâa, il est représenté par des poudingues bien cimentés en bancs, sur une épaisseur de 50 à 60m, reposant sur les grès du Crétacé inférieur et partiellement sur le Trias. Au-dessus, viennent en alternance des grès sableux et des marnes, et un Albien supérieur sous un faciès sub-récifal formé de calcaires dolomitiques et de lumachelles. La puissance totale est de 250m environ.

3.2.6. LE NEOGENE

Le Néogène est bien développé dans les plaines facilement accessibles de la périphérie de l'Aurès, notamment entre Biskra et El Kantara. Il est subdivisé en deux sous-étages : le Néogène marin (Miocène inférieur) et le Néogène continental (Miocène supérieur et Pliocène).

❖ *Le Miocène marin*

Le Miocène marin ne représente pas un cycle sédimentaire bien développé, mais seulement des dépôts côtiers formés pendant la période d'avance extrême de la mer. Après l'exondation générale de l'Aurès et des régions avoisinantes qui suivit le Lutétien, la mer ne revient dans le sud constantinois qu'au début de la période miocène. Cette transgression atteignit presque le continent saharien puisqu'on trouve ses dépôts à quelques kilomètres à peine au nord de Biskra.

Le Miocène marin affleure au nord d'El Outaya, sur le flanc nord de djebel Modiane, djebel Magraoua et à l'est de la région de Branis. Il est représenté par des calcaires rouges à gypse et silex.

Dans le bassin d'El Outaya, il est formé à l'est par des couches calcaires sur les premières pentes du massif des Aurès, et à l'ouest, par des molasses riches en fossiles, recouvertes par des marnes peu fossilifères.

Plus au nord, à Sebâa Mgataâ, le Miocène est formé de molasses marno-calcaires riches en pectinidés et en mollusques. Au-dessus, viennent des marnes sans fossiles avec gypse diffus. L'épaisseur totale est d'environ 200 à 300m.

❖ *Le Miocène continental*

Au-dessus du Miocène marin, viennent des assises continentales très développées au sud de l'Aurès où elles acquièrent une épaisseur considérable.

- Le Miocène supérieur : il affleure au nord d'El Outaya, à Bled Salaouine, sous forme de couches marno-calcaires brunes rougeâtres. A l'ouest, sur le flanc sud de djebel Maghraoua et surtout sur djebel Moddiane, le Miocène supérieur est constitué de conglomérats et de brèches pouvant atteindre plusieurs centaines de mètres d'épaisseur.

  A l'est d'El Outaya, R. Laffite a observé des couches rouges reposant sur le Miocène marin fossilifère ; ce sont des argiles rouges, des grès grossiers avec de rares bancs de graviers, de poudingues mal cimentés et des poudingues grossiers qu'il attribue au Miocène supérieur. La puissance de cet ensemble est d'environ 500m.

- Le Pliocène : le Pliocène forme une série d'affleurements très continus au nord et à l'est de la plaine d'El Outaya. De bonnes coupes s'observent immédiatement au nord-ouest de la palmeraie d'El Outaya, sur le piémont de djebel Felleg. La série comprend de bas en haut :
    - Un gros banc de grès friable brun jaunâtre à galets, que surmontent des alternances de sables marneux et de grès fins bruns rougeâtres à stratifications ;
    - Un banc de gypse ;
    - Des marnes gypso-sableuses, à rares passées gréseuses ;
    - Enfin, une barre conglomératique à éléments grossiers et mal cimentés, épaisse de 20 à 30m qui couronne l'ensemble.

Ces différentes formations se poursuivent sans grand changement au pied des reliefs de djebel Magraoua et djebel Modiane.

A l'est d'El Outaya, le Pliocène n'affleure que d'une façon discontinue dans la zone fortement tectonisée qui sépare djebel El Melah du djebel El Mohar ; seul le piémont de djebel Foum Zgag montre localement une série complète, identique à la précédente.

3.2.7. LE QUATERNAIRE

Les terrains récents sont aussi largement répandus à la périphérie de l'Aurès qu'ils sont rares dans le centre du massif ; là ils sont représentés par des éboulis et des terrasses, tandis qu'à la périphérie, ils forment de larges nappes alluviales d'une épaisseur considérable.

Il y a lieu de distinguer dans la région d'El Outaya, d'une part des piémonts établis sur le Néogène, très disséqué et drainé par plusieurs oueds, et d'autre part, la plaine ; le passage d'un domaine à un autre étant généralement brutal.

❖ *Les piémonts*

Au nord et à l'est d'El Outaya, divers petits bassins juxtaposés montrent un important recouvrement caillouteux, entre lesquels les plaines alluviales sont limitées à des lanières étroites le long des principaux oueds.

Au nord de Fontaine des gazelles, la plaine formée d'alluvions argilo-sableuses avec des conglomérats à la base, est recouverte dans sa partie orientale par un glacis au débouché de l'oued Hassi ben Tamtam. Au nord-ouest d'El Outaya, à Bled Salaouine, deux glacis à couverture gypseuse ou gypso-calcaire apparaissent. L'origine du gypse, épais de plus d'un mètre (01m) qui participe à ces encroutements, semble devoir être recherché à la fois dans le lessivage du substratum Miocène et dans les apports éoliens, compte-tenu de la proximité du Bas Sahara.

Enfin, on retrouve des travertins conservés d'une part au voisinage des sources chaudes de Hammam Sidi El Hadj, et d'autre part entre Bled Salaouine et les premiers reliefs de djebel Mekrizane.

❖ *La plaine d'El Outaya*

Cette plaine établie pour l'essentiel sur des terrains néogènes, est formée par des alluvions dans sa majeure partie. La partie occidentale est envahie dans sa presque totalité par des dunes encore mobiles, tandis que dans la partie orientale, les oueds sont encaissés dans de petits cônes de déjection près des reliefs, puis dans des alluvions qu'ils ne submergent plus, sauf en de rares zones.

Ces alluvions montrent aux voisinages d'El Outaya, à quelques mètres de la surface, un horizon riche en concrétions tabulaires calcaires.

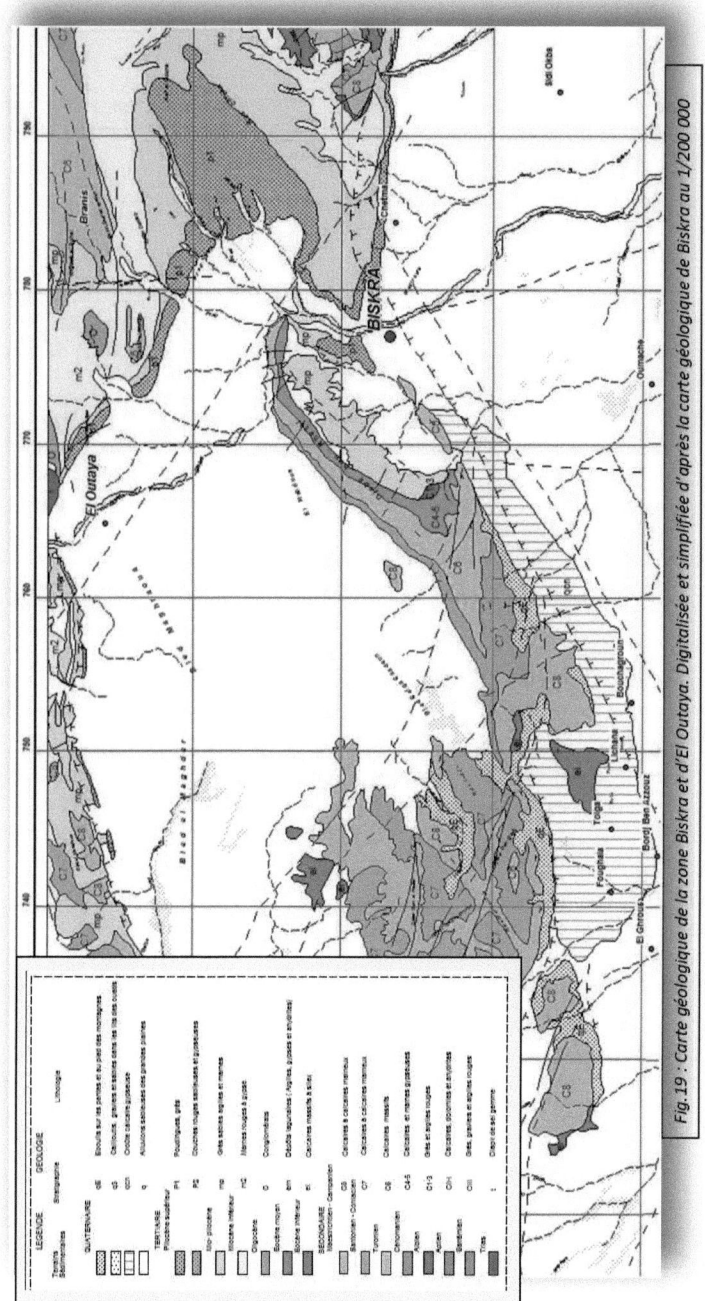

Fig.19 : Carte géologique de la zone Biskra et d'El Outaya. Digitalisée et simplifiée d'après la carte géologique de Biskra au 1/200 000

3.3. TECTONIQUE

Comme cité précédemment, la plaine d'El Outaya se situe dans une zone séparant deux domaines géographiquement et géologiquement distincts : l'Atlas saharien surélevé au nord et le Sahara, pays effondré, au sud.

Le passage entre ces deux domaines se fait par l'intermédiaire d'un ensemble de flexures, de plis-failles et de failles orientées ouest-est, appelée « Flexure Sud Atlasique ».

La flexure ou l'accident sud atlasique (ASA) s'est développé lors de la phase paroxysmale pliocène et post-pliocène de la surrection de l'Aurès. Cette phase est également responsable de toutes les déformations du continental néogène (Mio-Pliocène).

Suite à la phase pliocène, des effondrements le long le long des accidents tectoniques ont eu lieu; l'érosion intense des reliefs ainsi surélevés, commence à combler les dépressions provoquées par les mouvements tectoniques. En effet, à mesure que se produisait l'exhaussement des zones atlasiques et aurésiennes, il s'est créé un affaissement méridional : le sillon sud aurésien, réceptacle des produits de démantèlement des reliefs naissants. C'est ainsi que nous trouvons au nord de la flexure le point culminant de l'Atlas (djebel Chelia : 2326m) et au sud les dépressions les plus profondes de l'Algérie : les chotts Melghir et Merouane (-40m).

Il existe deux systèmes de failles de directions différentes : les failles orientées NW-SE et les failles SW-NE ; le premier type est connu sur l'ensemble de l'Atlas Saharien.

Localement, la plaine d'El Outaya semble limitée au nord par un contact anormal de direction générale est-ouest ; une faille importante de direction NW-SE traverse toute la région. D'autres failles de même importance et pratiquement de même direction, affectent tous les terrains carbonatés.

Cette plaine est localisée dans un synclinal affecté d'un ensemble de plis et de failles ainsi qu'une succession de petits synclinaux et anticlinaux (fig.20).

3.1. PALEOGEOGRAPHIE

Au Trias, l'Aurès était une zone de lagunes et d'évaporites où se déposaient des argiles, du gypse et du sel. L'influence marine s'accentue durant le Lias inférieur et des mouvements distensifs se manifestent, favorisant une sédimentation plus profonde marquée par des marnes à ammonites.

Les calcaires à filaments du Dogger témoignent d'un milieu franchement ouvert au Jurassique supérieur. L'influence marine progresse et montre des faciès pélagiques ; alors qu'au Kimméridgien, les faciès sont de mer calme peu profonde.

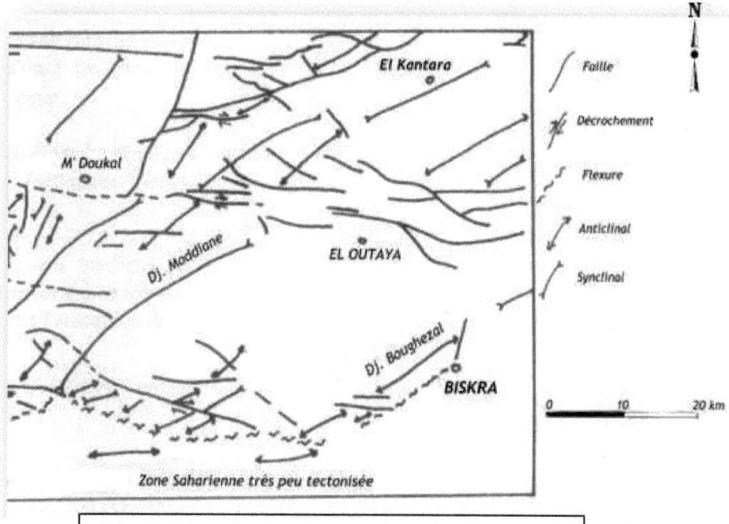

Fig.20 : Schéma structural du nord-ouest de Biskra (Guiraud,

Durant le Berriasien moyen et le Valanginien inférieur, une abondante sédimentation argilo-gréseuse montre que les apports détritiques proviennent des deltas du Sahara septentrional, tout en provoquant une régression de la mer vers le nord ou le nord-est.

A l'Hauterivien, le dépôt des dolomies épaisses, parfois minéralisées, donne comme résultat l'installation d'un régime de plate-forme continentale.

Une transgression marine s'amorce dès la base de l'Aptien, puis une autre à l'Albien moyen entraînant un régime pélagique à l'Albien supérieur ; cette transgression s'amplifie au Crétacé supérieur.

Un important épisode régressif marque la période allant du Crétacé supérieur au Paléocène ; par contre, des tendances régressives se manifestent à l'Eocène inférieur (marno-calcaire, calcaire à silex).

Une transgression burdigalienne s'amorce dans le Hodna et l'Aurès, et persiste jusqu'au Pliocène. Avant la fin de ce dernier, naissent d'importants reliefs, témoignant du retrait définitif de la mer et formant l'ensemble des paysages actuels de la région.

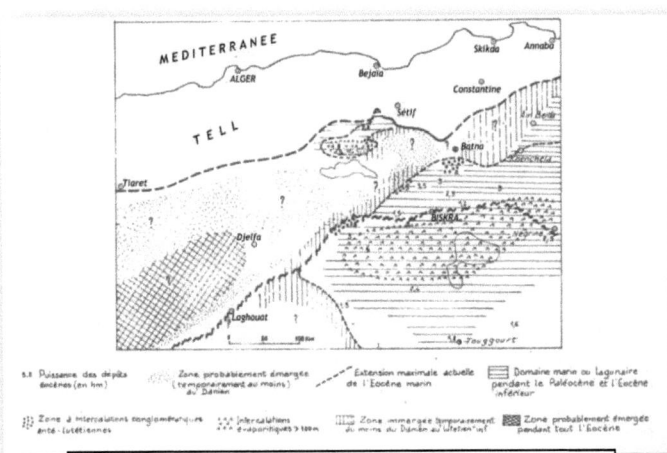

Fig.21a : Schéma paléogéographique de l'Eocène (Guiraud, 1990)

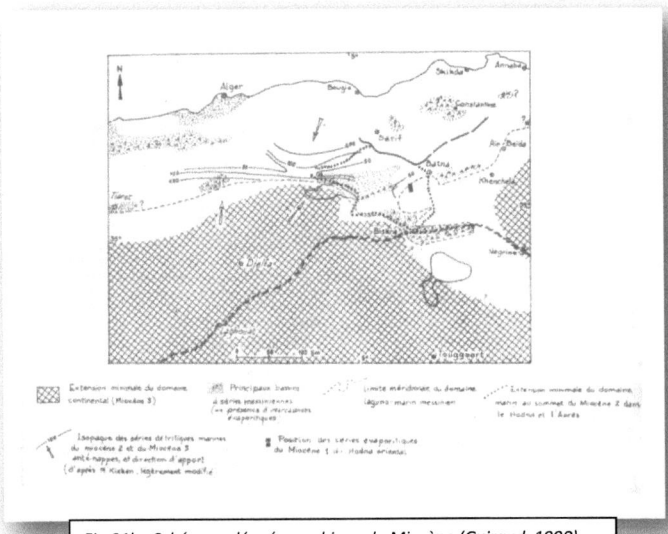

Fig.21b : Schéma paléogéographique du Miocène (Guiraud, 1990)

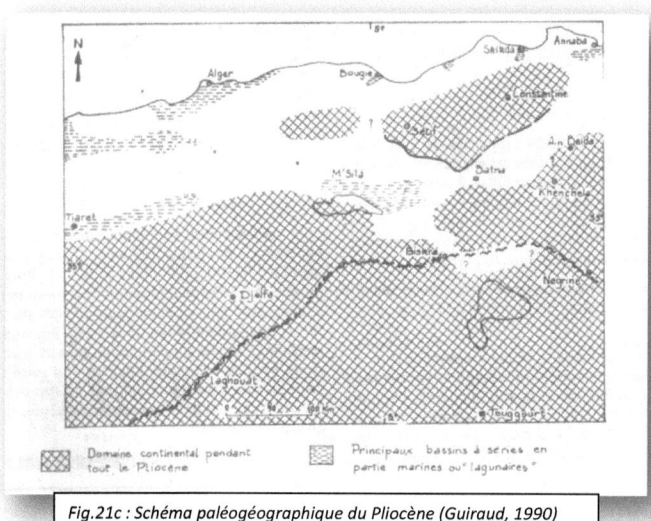

Fig.21c : Schéma paléogéographique du Pliocène (Guiraud, 1990)

3.2. CONCLUSION

Située dans une région fortement tectonisée, représentant la zone de transition structurale et sédimentaire entre deux domaines distincts : l'Atlas saharien surélevé au nord et le Sahara pays effondré au sud, la plaine d'El Outaya occupe un vaste synclinal affecté par un ensemble de plis et de failles ainsi qu'une succession de petits synclinaux et anticlinaux.

L'ensemble de la lithostratigraphie de cette plaine est constitué par les terrains crétacés formés de grès, marnes, calcaires et argiles.

L'Eocène est représenté par des calcaires fissurés, marnes, argiles et gypse, et les formations néogènes sont bien développées et constituées de calcaires et de calcaires marneux à la base, de conglomérats, grès, sables et des marnes au sommet.

Le Quaternaire est formé par des alluvions, travertins de sources et des éboulis de pente et de piémonts.

La structure à valeur synclinale de la plaine d'El Outaya et l'analyse lithostratigraphique, nous ont permis de relever les formations suivantes comme étant les plus intéressantes pour le développement d'aquifères :

❖ *Formations favorables au développement d'aquifères poreux*

Elles sont représentées par les sables, grès, poudingues et graviers du Mio-Pliocène ainsi que les couches quaternaires correspondant à des éboulis, sables et alluvions au niveau des oueds.

❖ *Formations favorables au développement d'aquifères fissurés et karstiques*

Celles-ci sont représentées par les calcaires cristallins et les calcaires marneux du Turonien, les calcaires et les calcaires dolomitiques du Sénonien et enfin, par les calcaires de l'Eocène inférieur. Le développement d'aquifères et leur importance dans ces formations, dépendent du degré de leur fissuration et karstification.

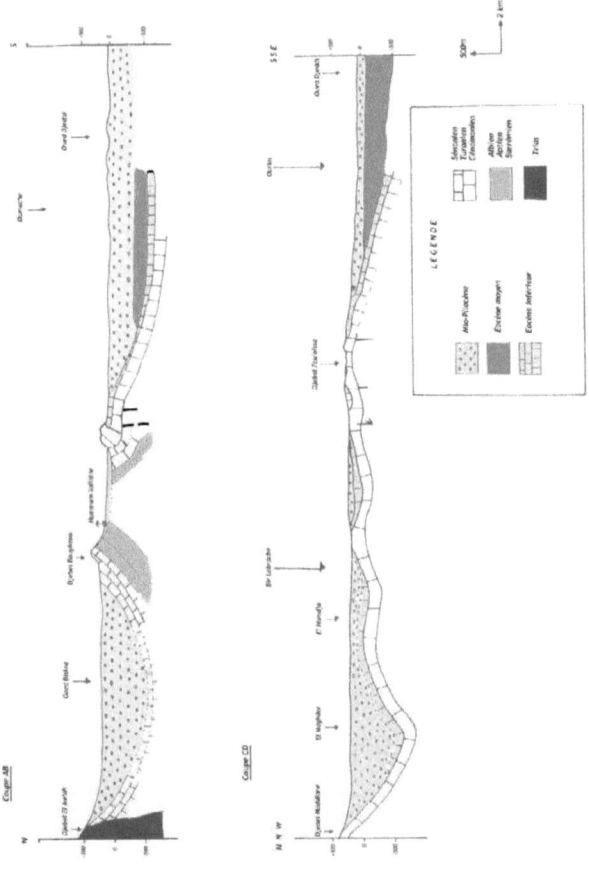

Fig. 22 : Coupes géologiques N-S passant par la plaine (D'après la carte hydrogéologique de Biskra DEMRH 1979)

4. HYDROGEOLOGIE

4.1. ETUDE DU MILIEU RECEPTEUR PAR PROSPECTION ELECTRIQUE

4.1.1. *INTRODUCTION*

Afin de préciser la nature et la géométrie du système aquifère de la plaine d'El Outaya, nous avons repris et réinterprété les données de la campagne de géophysique effectuée par la Compagnie Générale de Géophysique (CGG) en 1971.
La zone prospectée couvre une superficie de l'ordre de 900km² ; elle est située au nord-nord-ouest de la ville de Biskra (fig.23)

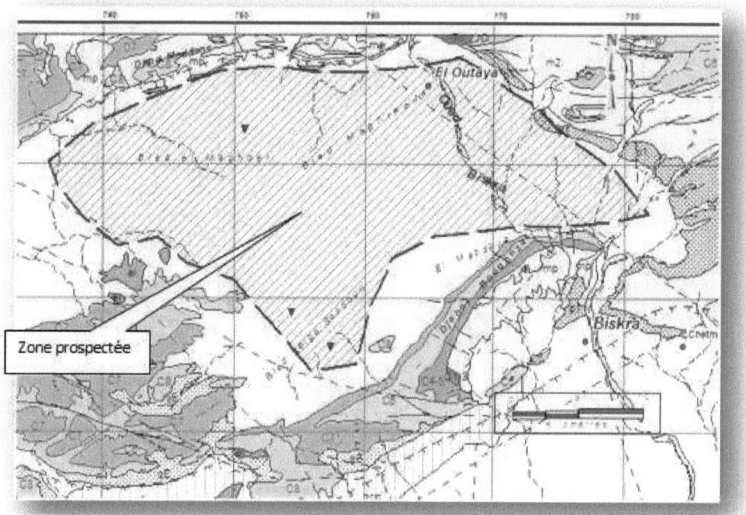

fig.23 : Plan de situation de la prospection géophysique

La limite nord est constituée par les djebels Maghraoua, Moddiane et Chaïba ; la limite ouest par le djebel El Ksoum, la limite sud par les djebels Gouara et Boughezal ; à l'est, c'est la nappe alluviale de oued Biskra qui a été choisie comme limite.

Les données sélectionnées concernent 68 sondages électriques verticaux répartis sur des profils orientés nord-est sud-ouest dans la plaine et sud-ouest nord-est dans la partie orientale de l'étude.

L'espacement entre sondages est de l'ordre de 1,5 à 2 km ; sauf au niveau de l'oued où l'étroitesse du lit mineur a amené à des espacements de quelques centaines de mètres.

4.1.2. SONDAGES ELECTRIQUES ETALONS – ECHELLE DES RESISTIVITES

Pour attribuer à chaque formation sa propre résistivité électrique et éliminer ainsi les ambiguïtés d'interprétation, différents sondages d'étalonnage ont été effectués sur les forages existants. Nous retiendrons d'ouest en est :

❖ *Sondage étalon G7 bis - Forage El Maghder*

Le diagramme (fig.24) indique :
- Un niveau superficiel peu épais à 150 Ω.m environ ;
- Un niveau conducteur à 3,5 Ω.m, correspondant à des argiles jaunes ;
- Une cloche, très aplatie, dont la résistance transversale (RT) est évaluée à 1000 Ω.m². si l'on admet qu'elle correspond au niveau d'argiles sableuse et galets, rencontré jusqu'à 146m, la résistivité de cette formation est de l'ordre de 9 Ω.m (1000/146) ;
- Un nouvel horizon conducteur dont la conductance est évaluée à 30 mhos ; cet horizon correspond aux argiles à gypse comprise entre 146 et 315m, soit une résistivité réelle de 170/30=5,5 Ω.m ;
- Une nouvelle cloche aplatie correspondant au niveau de poudingues, développé entre 315 et 362m, soit une résistance transversale (RT) évaluée à 7000 Ω.m², la résistivité réelle est de l'ordre de 150 Ω.m ;
- Un troisième niveau conducteur, dont la conductance est évaluée à 80mhos. Si l'on admet qu'il correspond aux argiles rouges à gypses comprises entre 362 et 428m, la résistivité de ces dernières serait de 80/66=0,6 Ω.m. cette valeur n'est évidemment qu'indicative car le substratum comprend lui-même des niveaux de nature identique ; la valeur de cette résistivité est certainement plus élevée.

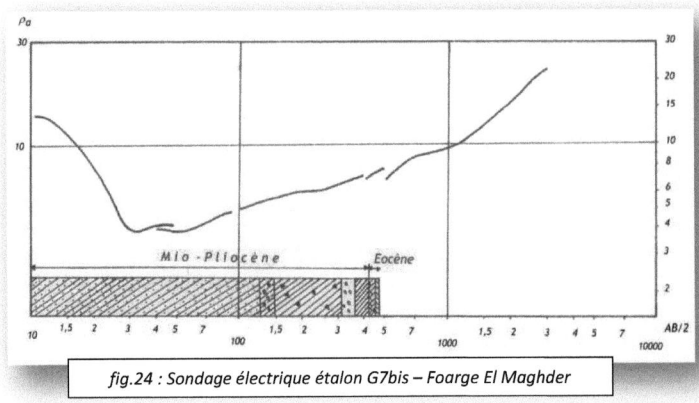

fig.24 : Sondage électrique étalon G7bis – Foarge El Maghder

❖ *Sondage étalon H10 – Forage Bir Labrache*

Ce diagramme (fig.25) apparaît très simple et n'indique que deux terrains :
- Un horizon à 1,3 Ω.m correspondant aux argiles gypseuses ;
- Une remontée finale assimilée au substratum calcaire.

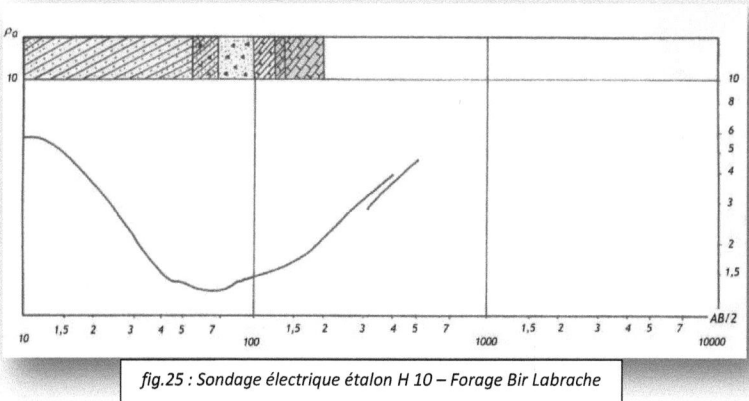

fig.25 : Sondage électrique étalon H 10 – Forage Bir Labrache

❖ *Sondage étalon I4 – Forage SP3*

Ce diagramme (fig.26) montre :
- Un premier horizon épais d'une quarantaine de mètres à 15 Ω.m ;
- Un horizon conducteur à 6 Ω.m, épais de plus de 300m. Cet horizon est certainement très complexe, et au vu des analyses d'eau réalisées, on doit admettre qu'il comprend à la fois des niveaux argileux et des poudingues à eaux salées ;
- La remontée sur le substratum calcaire n'est pas franche et indique la présence de niveaux marneux intercalaires.

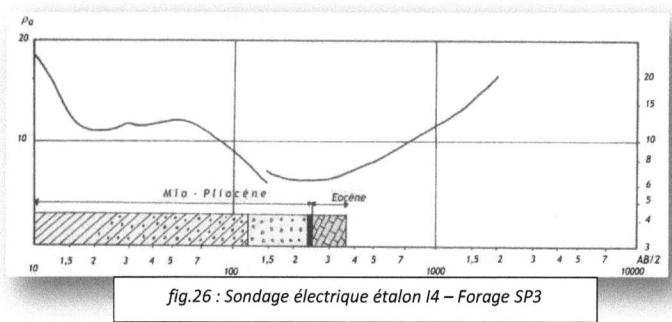

fig.26 : Sondage électrique étalon I4 – Forage SP3

❖ *Sondages électriques paramétriques*

Divers sondages électriques ont été réalisés sur les formations affleurantes ; ils permettent d'aboutir aux valeurs de résistivités suivantes :

- Alluvionnement de Oued Biskra (fig.27)
    - Alluvions sèches grossières : 300 à 700 Ω.m ;
    - Alluvions grossières humides : 50 Ω.m ;
    - Alluvions limono-sableuses : 20 à 30 Ω.m ;
    - Alluvions argileuses : 9 à 10 Ω.m.
- Poudingues pliocènes (fig.28)
    - Entre 300 Ω.m et 700 Ω.m pour les éléments grossiers ;
    - Entre 150 Ω.m et 200 Ω.m pour une sédimentation plus fine ou plus argileuse.

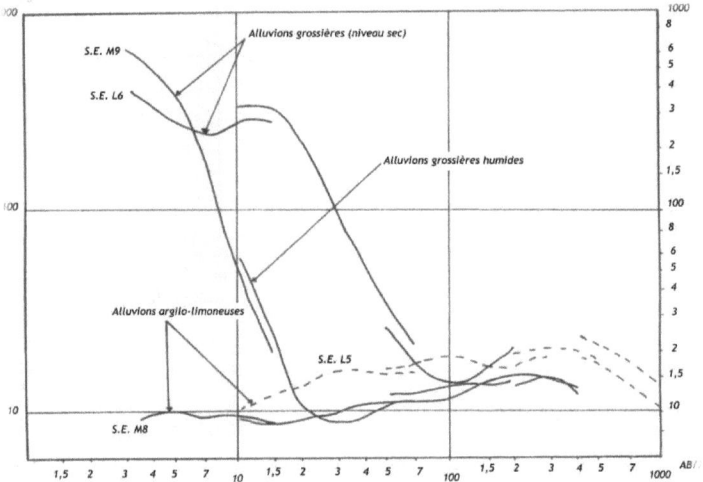

fig.27 : Sondages paramétriques - alluvions de Oued Biskra

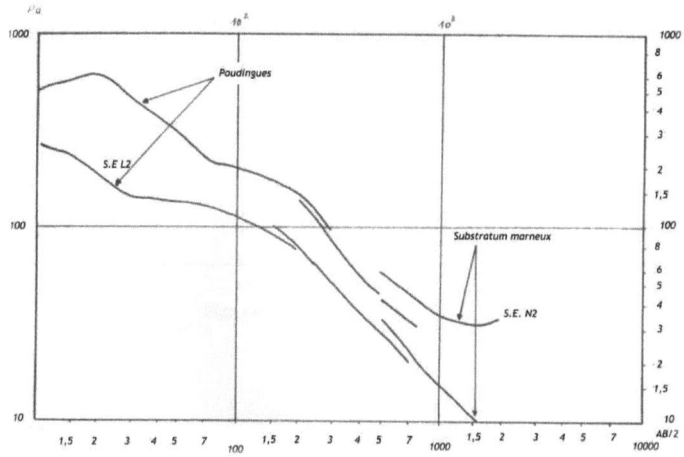

fig.28 : Sondages paramétriques - poudingues du Pliocène

- Marnes et argiles pliocènes ou miocènes (fig.29)
  - Argiles du Pliocène : entre 2 et 5 Ω.m ;
  - Marnes du Miocène : inférieures à 3 Ω.m.

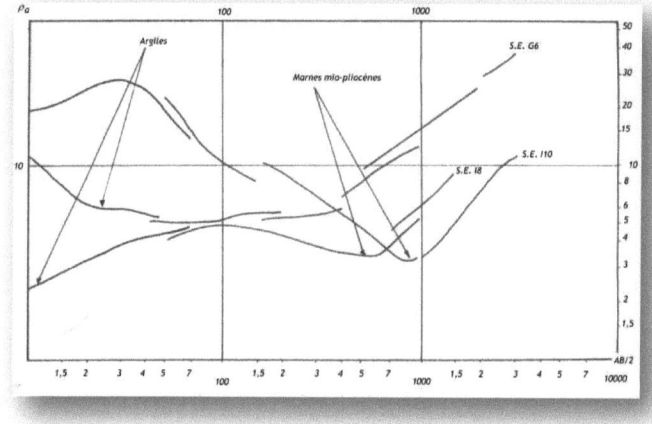

fig.29 : Sondages paramétriques – marnes et argiles du Mio-Pliocène

* *Echelle des résistivités*

A la lumière de ces différents étalonnages, nous pouvons attribuer aux différentes formations les résistivités consignées dans le tableau n° 9 suivant :

Age	Caractéristiques géologiques	Résistivités
Mio-Pliocène (recouvrement)	- Eboulis de piémont - Poudingues, galets, Calcaires - Sables, marnes, argiles sableuses - Argiles et sables salés	- Plusieurs centaines d' Ω.m - 100 à 300 Ω.m - 5 à 30 Ω.m - 0,5 à 5 Ω.m
Eocène moyen	- Intercalations de calcaires, d'anhydrite et de gypse - Calcaires marneux et marnes	- 100 à 500 Ω.m - 2 à 10 Ω.m
Eocène inférieur – Crétacé (substratum calcaire)	- Calcaires crayeux et marneux - Calcaires et dolomies	- 40 à 60 Ω.m - 100 à 400 Ω.m

Tableau n° 9 : Résistivités des différentes formations de la région d'El Outaya

4.1.3. DIFFICULTES D'INTERPRETATION

Les coupes des forages d'El Maghder et d'El Mazouchia préjugent de certaines difficultés d'interprétation en fonction de nombreuses variations de faciès et de la salinité des différents niveaux lithologiques. Nous signalerons en particulier, deux cas où l'évaluation quantitative de la valeur de la cote du substratum résistant est malaisée ou impossible à déterminer.

❖ *Influence d'un niveau fortement salé de surface*

La remontée sur un substratum résistant peut contenir des horizons appartenant encore au recouvrement, du fait de la présence d'un niveau de très faible résistivité dont l'épaisseur est importante. Ce type de sondage électrique (fig.30) se retrouve en particulier dans Bled Selga Saâdoun.

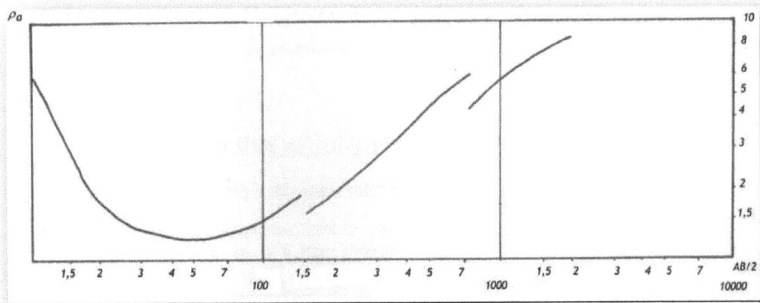

fig.30 : Influence de la présence de terrains salés de surface sur l'estimation de la cote du toit du substratum résistant

❖ *Impossibilité de différenciation des niveaux de remplissage*

Le diagramme du sondage électrique G8 (fig.31) indique un large palier à 11 Ω.m ; en réalité, ce diagramme en fond de bateau est l'indice d'une succession de niveaux de résistivités peu contrastées et d'épaisseurs trop faibles pour marquer suffisamment sur le sondage électrique. Il est évident que dans ce type de sondage électrique, nous aurons tendance à fournir une valeur par excès de la cote du substratum résistant.

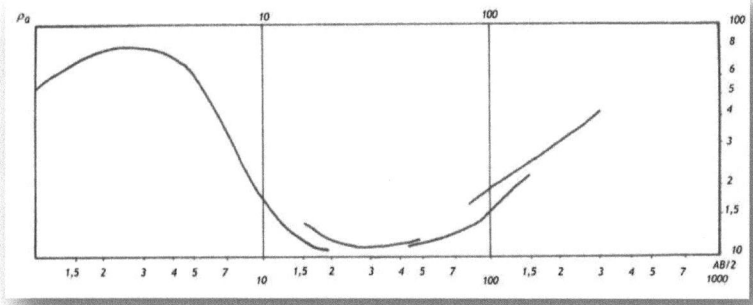

fig.31 : Impossibilité de différenciation des niveaux argilo-sablo-limoneux

Enfin, nous signalons que la distinction entre recouvrement et Eocène moyen sera malaisée quand le premier sera conducteur et deviendra difficile, sinon impossible dès que la résistance transversale du recouvrement sera supérieure à plusieurs milliers d'Ω.m. La nature de l'Eocène moyen variant considérablement, certains de ses niveaux pourront être confondus avec l'Eocène inférieur ou le Crétacé.

4.1.4. *Examen des resultats*

❖ *Carte des résistivités apparentes en ligne AB =300m*

La ligne d'émission choisie (AB=300m) permet une profondeur d'investigation de l'ordre de 30 à 40m. L'examen de cette carte (fig.32) permet de tirer les indications suivantes :

- ✓ L'existence d'une large plage conductrice, de résistivité inférieure à 10 Ω.m, au sud-ouest d'El Outaya, centrée sur les profils G, H et I. Cette faible résistivité est due à la présence de nombreux niveaux salés, liés à la présence de gypse dans les marnes du substratum et à la concentration des eaux avec évaporation dans Bled Selga Saâdoun.
- ✓ L'existence de plusieurs plages de résistivité élevée (> à 50 Ω.m) qui peuvent être d'origines diverses ; elles sont liées soit à la présence de

cônes de déjection des oueds (sondages E5, E6, F5 à F7 et H8 à H10), soit aux poudingues grossiers ou même aux poudingues sub-affleurants (sondages L1, L2, M1 et N1 à N5), soit enfin, à des niveaux du substratum calcaire sub-affleurants comme au sondage électrique F2 (Bled El Mazouchia).

❖ *Carte des résistivités apparentes en ligne AB=3000m*

Dans cette carte (fig.33), les profondeurs d'investigation des sondages électriques varient entre 400 et 500m, les valeurs de résistivités sont essentiellement influencées par les variations de la nature du substratum. Elle nous permet de constater :

- ✓ Le comblement très argileux ou marneux d'une faible résistivité (< à 10 Ω.m), situé au sud d'El Outaya (Bled Selga Saâdoun) et qui s'étend depuis Bir Labrache jusqu'aux environs d'El Outaya.
- ✓ Les fortes valeurs de résistivités se localisent à l'ouest d'El Outaya (dans la zone du forage d'El Mazouchia), confirment l'existence d'un substratum calcaire peu profond dans cette région et à la présence de niveaux grossiers importants dans le remplissage.
- ✓ L'axe de remplissage Mio-Pliocène est mis en évidence, il est de direction est-ouest au sud d'El Outaya, passant par Bled El Mazouchia, bled R'mel et Dar El Aroussia. Cet axe

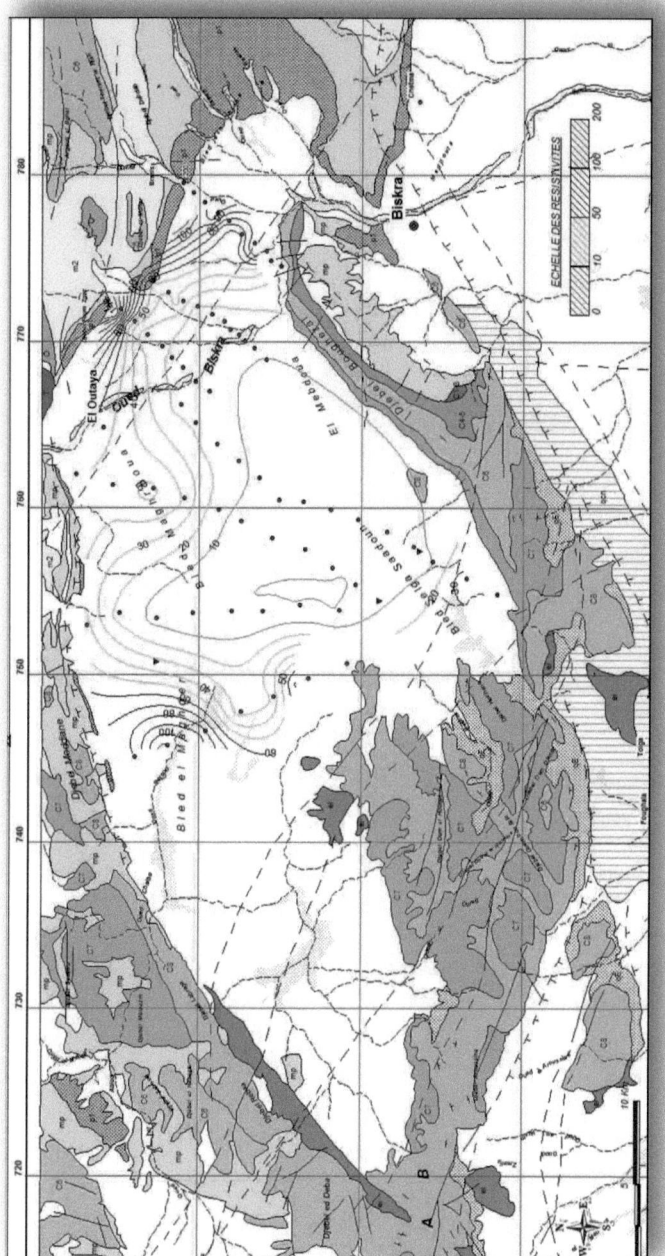

Fig.32 : Carte des résistivités apparentes en ligne AB=300m

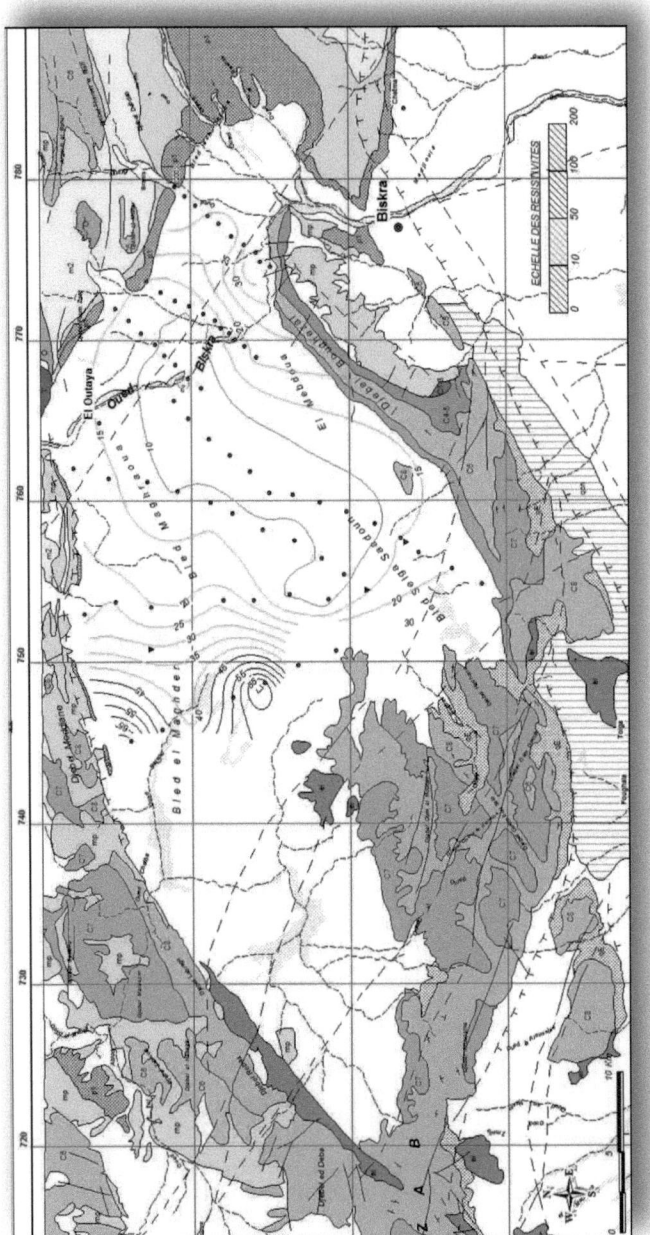

Fig.33 : Carte des résistivités apparentes en ligne AB=3000m

4.1.5. INTERPRETATION DES COUPES GEO-ELECTRIQUES ET DE LA CARTE DU TOIT DU SUBSTRATUM

L'examen des coupes géo-électriques et de la carte du toit du substratum résistant, nous permet de distinguer le remplissage qui s'étend de l'Eocène moyen jusqu'au Quaternaire et le substratum, essentiellement calcaire qui pourrait être soit éocène (calcaires de l'Eocène inférieur), soit crétacé (Sénonien – Maestrichtien).

❖ *Nature du remplissage*

- **La Zone de Oued Biskra :**

    Cette zone est couverte par les profils L, M et N (fig. 34, 35 & 36), destinés à étudier le recouvrement alluvionnaire. La plupart des sondages révèlent deux niveaux résistants séparés par un horizon conducteur :

    - Le premier niveau, résistant, correspond aux poudingues du Pliocène visibles à l'affleurement ; en particulier au niveau du profil N avec une épaisseur maximale de 190m (S.E. N4).
      Les valeurs de résistivités sont plus élevées à l'est (150 à 200 Ω.m) qu'à l'ouest (50 à 100 Ω.m). Cette variation est liée sans conteste à un changement de faciès : soit une augmentation de la fraction argileuse ou bien une diminution de la granulométrie.
    - Le deuxième niveau, conducteur, correspond aux argiles du Pliocène dont la résistivité est comprise entre 8 et 10 Ω.m. Il présente des épaisseurs de l'ordre de 50m sur le profil L et jusqu'à 100m aux sondages M1 et M2.
    - Le troisième niveau, résistant, correspond aux poudingues plus ou moins argileux du Mio-Pliocène avec parfois des intercalations marno-gypseuses dont la résistivité varie entre 40 et 80 Ω.m.
      Au niveau du profil L, ce niveau présente une épaisseur d'une centaine de mètres qui correspondrait aux niveaux résistants de l'Eocène moyen.

    Notons aussi que le niveau conducteur séparant les deux horizons résistants disparaît sur le profil N.

- **La plaine d'El Outaya :**

Dans cette zone, les qualités lithologiques et chimiques du remplissage aquifère et celles du substratum sont variables, ce qui nous emmène à une interprétation quantitative et qualitative qui doit être prise en considération par parties :

- Dans la partie ouest de la plaine, couverte par le profil F (fig.37), le remplissage est caractérisé par une succession de terrains alternativement résistants et conducteurs. La résistivité d'ensemble varie entre 10 Ω.m et 50 à 300 Ω.m, et l'épaisseur varie entre 200 et 350m (succession rapide de terrains résistants et conducteurs).

- Au centre de la plaine, couvert par le profil G (fig.38), la zone est fortement influencée par les cônes de déjection de l'oued Selsou et par les terrains salés de Bled Selga Saâdoun au sud (S.E. G5). Le recouvrement pliocène grossier est développé exclusivement au droit des sondages G8 et G9 où il atteint plus de 100m d'épaisseur avec une résistivité de 50 à 100 Ω.m.
De plus, du fait de la nature lithologique de l'Eocène moyen, mise en évidence par le forage d'El Maghder, i.e. une alternance de calcaires et marnes à gypse, il y a confusion entre recouvrement mio-pliocène et Eocène moyen. Ce fait est notable particulièrement au niveau du sondage électrique G8.

- A l'est de la plaine, l'épaisseur du recouvrement augmente an allant vers le nord. Il se développe aux sondages électriques H6 à H10 et I9 à I14, où il se subdivise en deux niveaux résistants, séparés par un horizon conducteur argileux dont la résistivité est évaluée entre 5 et 10 Ω.m, et son épaisseur varie de 20 à 50m (fig. 39 & 40).

Le premier niveau, résistant, présente des résistivités comprises entre 70 et 100 Ω.m sur le profil I. Les épaisseurs sont comprises entre 40 et 100m sur le profil H et 30 à 40m sur le profil I au maximum.

Les formations salées de Bled Selga Saâdoun se manifestent à partir du sondage électrique H4 avec des valeurs de résistivités comprises entre 1 et 7 Ω.m.

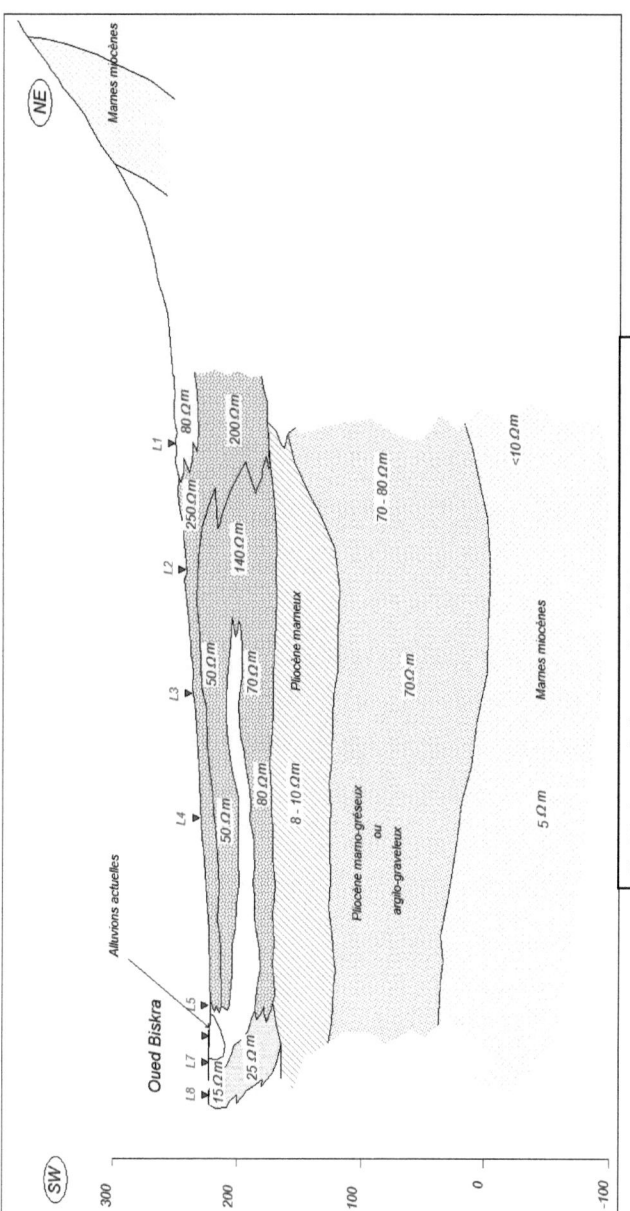

Fig.34 : Coupe géoélectrique (profil L) dans la zone de l'oued Biskra

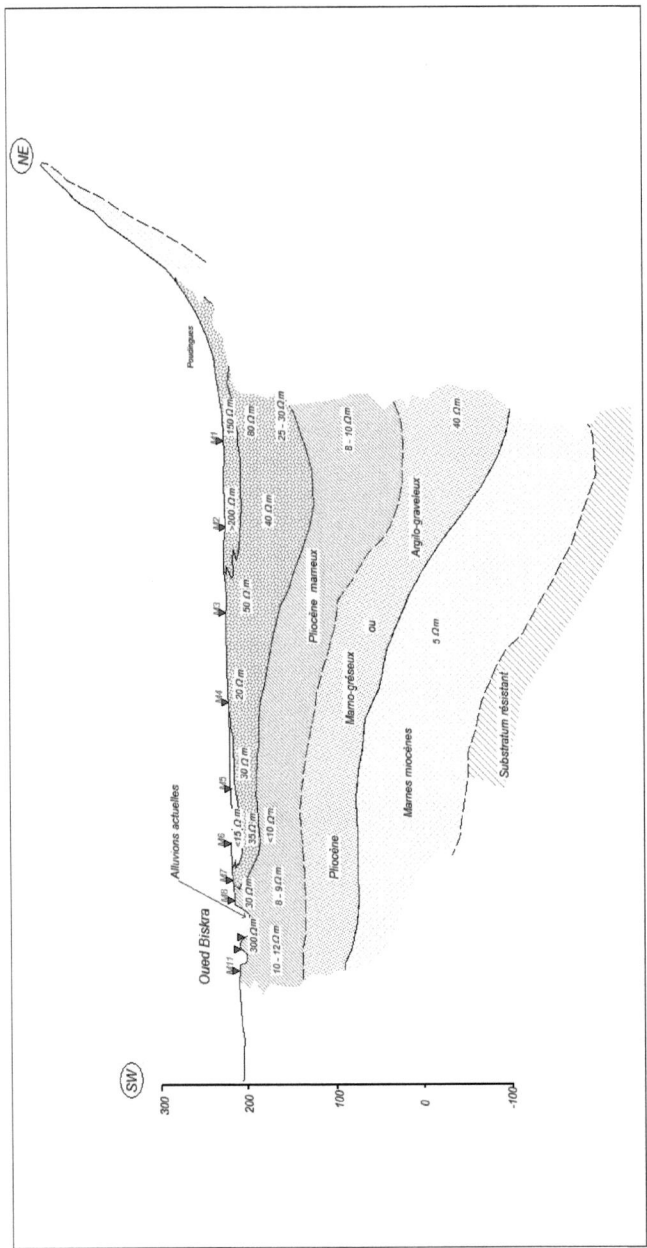

N.B : le substratum résistant est en réalité beaucoup plus profond que ce qui apparaît sur la figure (jusqu'à 500m)

Fig.35 : Coupe géoélectrique (profil M) dans la zone de l'oued Biskra

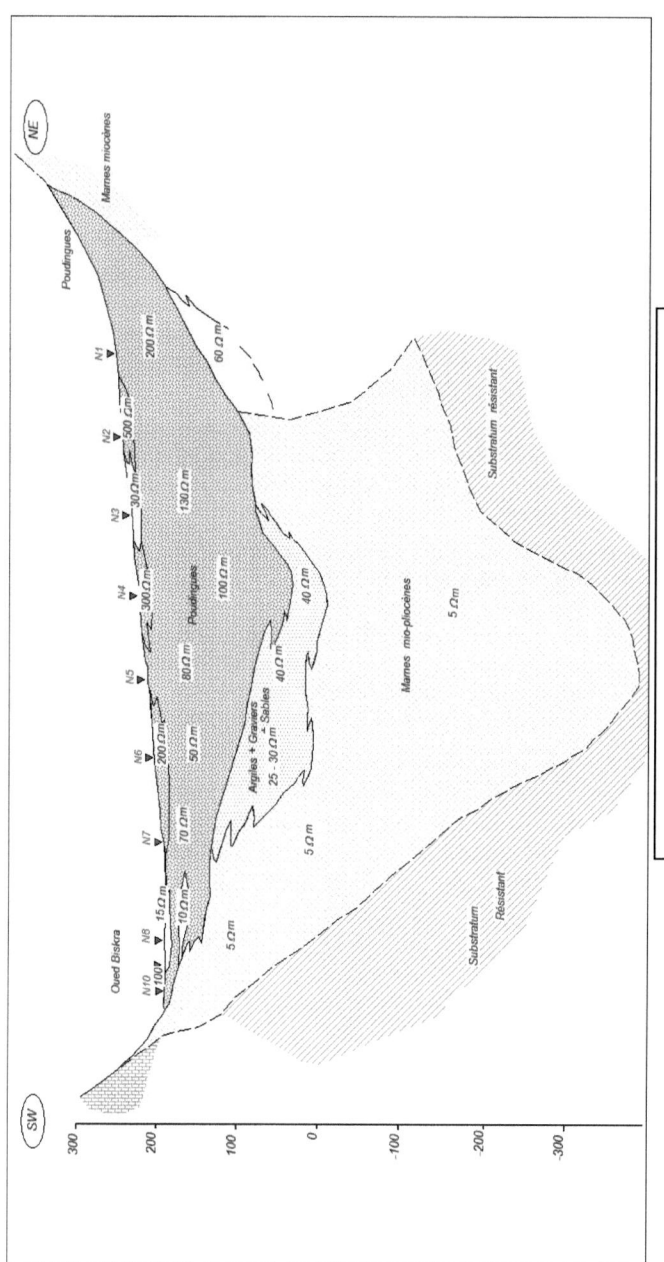

Fig.36 : Coupe géoélectrique (profil N) dans la zone de l'oued Biskra

❖ *Nature et cote du substratum*

Nous admettons à priori que par terme « substratum » nous entendons niveaux résistants. Ce substratum pourrait être constitué soit par les calcaires de l'Eocène inférieur, soit encore par ceux du Sénonien ou du Maestrichtien.

L'examen des coupes géoélectriques et de la carte du toit du substratum résistant (fig.41), permettent d'adopter les interprétations suivantes :

- ✓ Existence d'un axe synclinal dans la partie nord de la plaine d'une direction est-ouest, qui s'étend de Bled El Maghder à l'ouest jusqu'à Dar El Aroussia à l'est. Il est très bien marqué au niveau des sondages électriques F5, G6, H8, I14, M1, M2, N4 et N5. Le substratum y est à une profondeur supérieure à 500m.
- ✓ Au niveau du sondage électrique F1, le substratum apparaît comme constitué d'environ 300 à 400m de niveaux calcaires sus-jacents à des niveaux marneux de 15 Ω.m et d'épaisseur presque identique. Au droit du sondage G4, le substratum résistant se situe vers 200m de profondeur.
- ✓ Sur le profil H, jusqu'au niveau du sondage H3, le substratum est situé à des profondeurs avoisinant 200 à 300m, et donc pratiquement sub-horizontal. L'anomalie de cet axe anticlinal provient du profil G, car si le flanc nord (nord du sondage électrique G4) apparaît normal, le flanc sud est lui assez brutal car l'épaisseur du remplissage double pratiquement entre les sondages électriques G3 et G4. L'hypothèse de la présence d'un accident tectonique n'est pas à exclure.
- ✓ Un axe synclinal au sud de la plaine, de direction sud-ouest – nord-est, qui s'étend de Bled Selga Saâdoun au sud jusqu'à Bled El Fendassi au nord.
- ✓ Enfin, notons que le substratum résistant qui est considéré comme l'horizon le plus aquifère dans la région, est profond au centre de la plaine (situé à plus de 500 m de profondeur). Cette profondeur commence à se réduire de plus en plus en s'éloignant du centre de la plaine.

4.1.6. CONCLUSION

Nous retiendrons, en guise de conclusion concernant cette prospection électrique, les informations suivantes :

<u>Du point de vue remplissage</u> :

- ✓ Extension considérable des poudingues pliocènes, dans la partie orientale de la plaine en particulier. Ces derniers peuvent atteindre des épaisseurs avoisinant 200m (profil N) et leurs caractéristiques varient en général de l'est vers l'ouest : diminution de résistivité et d'épaisseur.

- ✓ Existence de deux niveaux alluvionnaires grossiers, séparés par un niveau argileux au droit de l'oued Biskra ; leurs épaisseurs varient entre 15 et 20m.
- ✓ Importance des niveaux salés dans toute la zone de Bled Selga Saâdoun.

<u>Du point de vue substratum</u> :
- ✓ Ennoyage de l'anticlinal de djebel Deba suivant les sondages électriques G4 et H4 et possibilité d'accident au niveau des sondages G2 et G3.
- ✓ Délimitation exacte de l'axe synclinal de la plaine d'El Outaya passant par les sondages F5, G6, H8, I14, M1, M2, N4 et N5
- ✓ Forte épaisseur des marnes miocènes dans toute la partie orientale de la plaine.

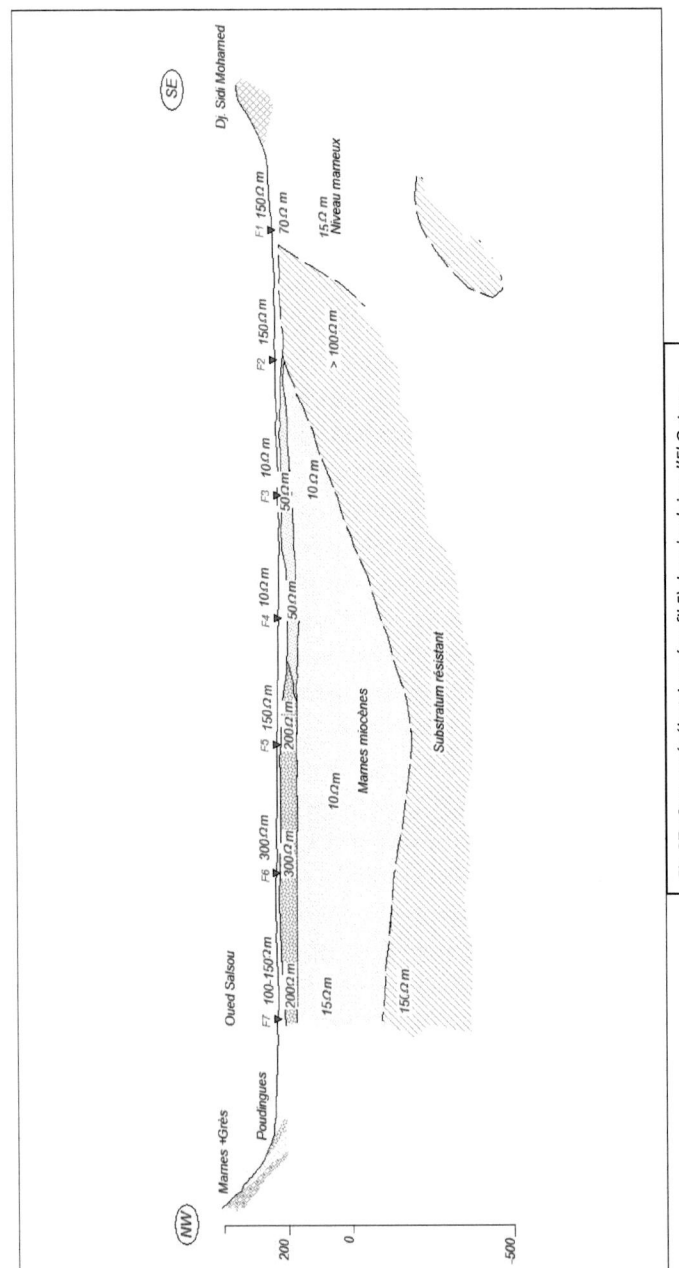

Fig.37 : Coupe géoélectrique (profil F) dans la plaine d'El Outaya

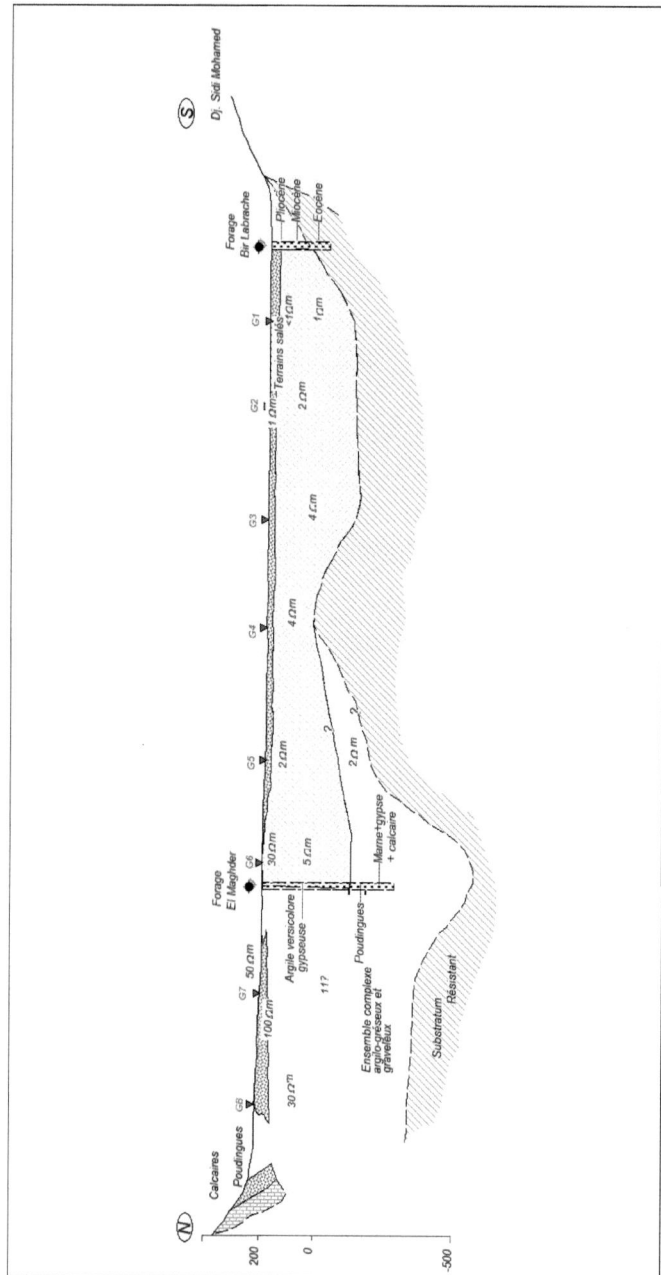

Fig.38 : Coupe géoélectrique (profil G) dans la plaine d'El Outaya

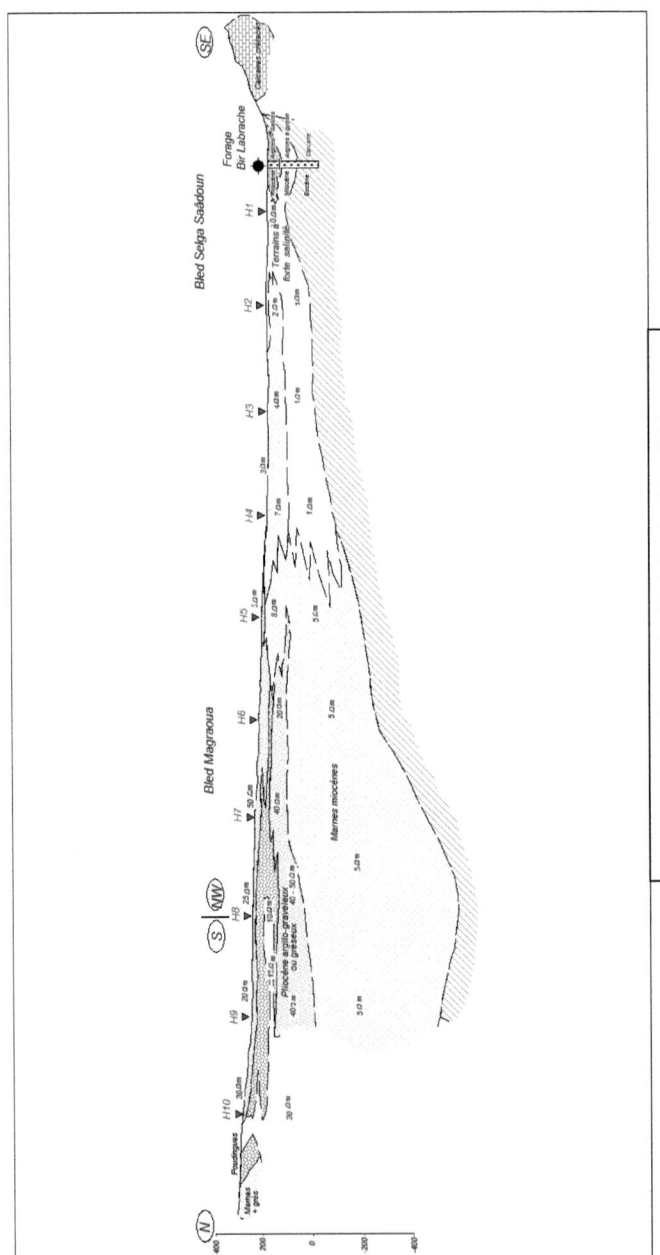

Fig.39 : Coupe géoélectrique (profil H) dans la plaine d'El Outaya

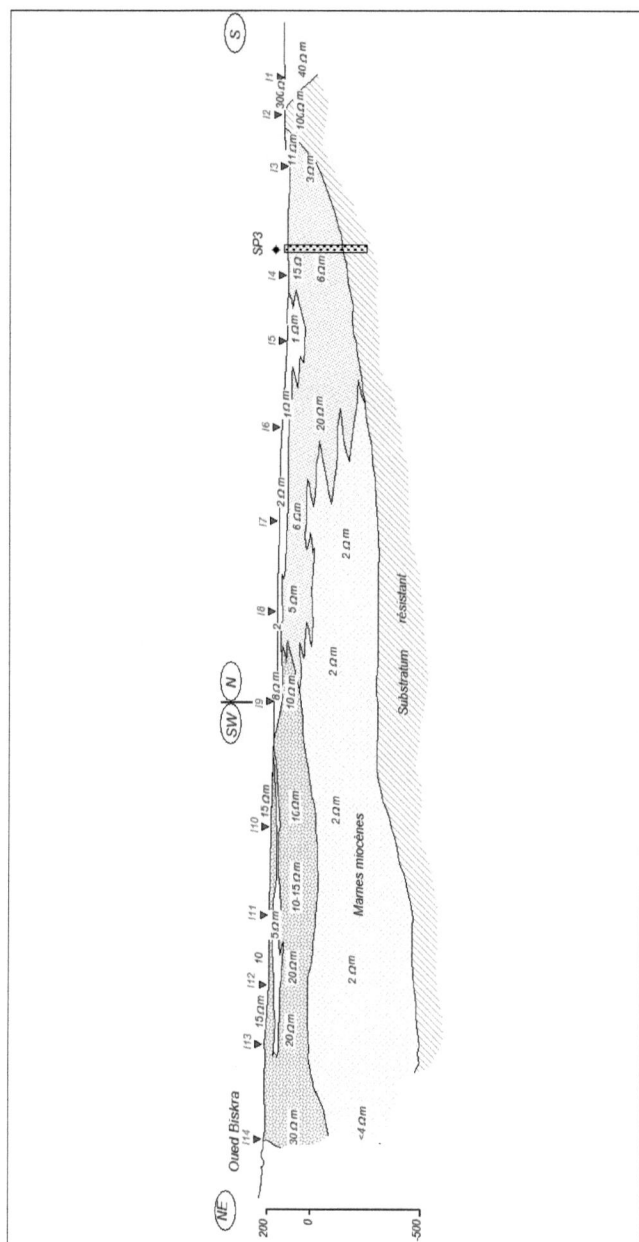

Fig.40 : Coupe géoélectrique (profil I) dans la plaine d'El Outaya

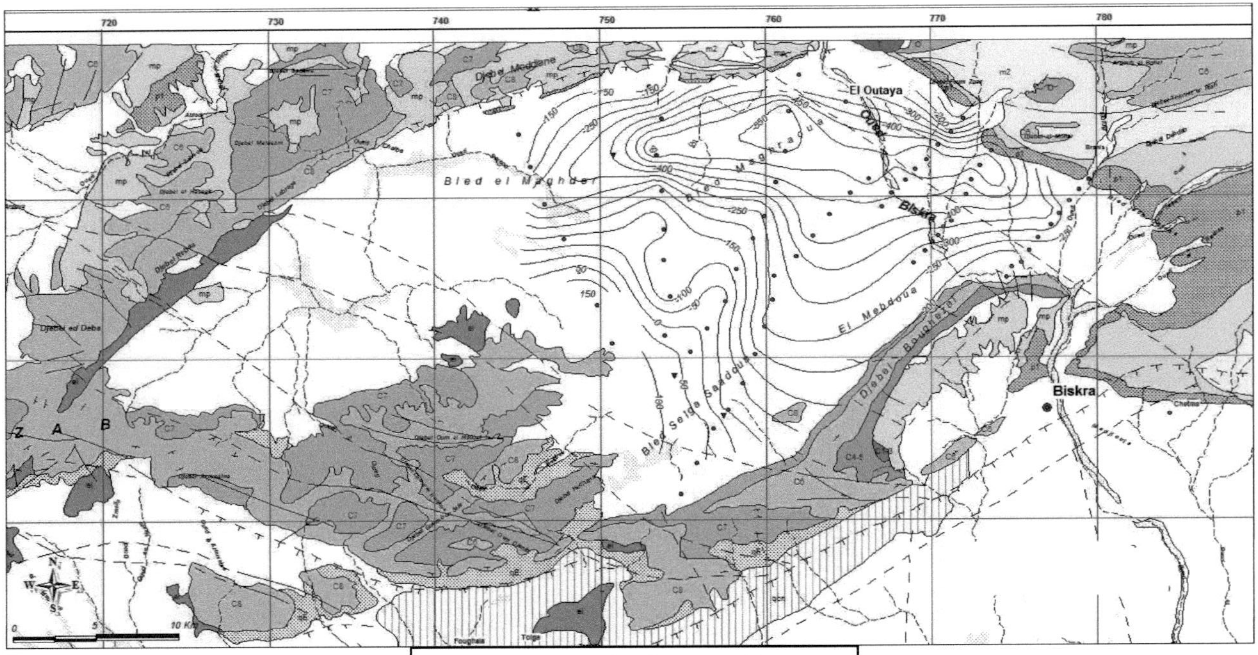

Fig.41 : Carte du toit du substratum résistant

4.2. ETUDE HYDRODYNAMIQUE

4.2.1. INTRODUCTION

La détermination des caractéristiques hydrogéologiques est une opération indispensable pour la connaissance et l'identification des aquifères, cependant elle reste tributaire de l'existence et de la disponibilité de l'information.

La plaine d'El Outaya apparaît, malheureusement, à ce jour présenter un déficit de connaissances sur le plan hydrogéologique.

En effet, malgré le nombre important de forages réalisés durant les programmes de soutien à l'agriculture (PNDRA, FNRDA) et, en dehors de quelques fiches techniques d'anciens forages, aucun rapport portant sur l'hydrogéologie de la plaine n'est à signaler et aucun suivi piézométrique n'a été effectué.

4.2.2. CONDITIONS NATURELLES DES AQUIFERES DE LA PLAINE

Les informations issues de la prospection géophysique et de la géologie permettent de mettre en évidence trois ensembles aquifères, d'ailleurs reconnus dans l'ensemble de la zone de Biskra :

* La nappe superficielle :

Elle est localisée dans les dépôts sableux et argilo-sableux du Quaternaire. Il s'agit d'une nappe alluviale contenue dans les accumulations alluvionnaires de l'oued Biskra (nappe d'inféroflux). Elle est très liée aux crues de l'oued et elle est alimentée essentiellement par les infiltrations des eaux de ce dernier, les précipitations et les retours d'irrigation.

* Nappe du Mio-Pliocène :

Cet aquifère est constitué par une alternance de niveaux fins argileux ou marneux et de niveaux grossiers sableux. Ces derniers sont discontinus et se trouvent sous forme de lentilles. Sa limite inférieure (substratum) est constituée par les marnes du Miocène inférieur et les argiles de l'Eocène moyen.

Cette nappe présente une extension considérable et elle est captée par de nombreux forages. Son épaisseur est faible sur les piémonts et augmente au milieu de la plaine.

Son alimentation est assurée par les pluies exceptionnelles dans les zones d'affleurement et les exutoires naturels sont constitués par les sources (telle que la source de Sebâa Mgataâ) et les vastes zones d'évaporation. Aucun accident important ne joue un rôle dans les caractéristiques du système aquifère.

* Nappe des calcaires :

Elle est constituée par les calcaires massifs à silex, les calcaires du Sénonien supérieur et ceux du Turonien ; mais c'est l'Eocène inférieur qui constitue en zones fissurées, la nappe la plus importante dans la région (fig.42).

Il s'agit d'un aquifère captif, appelé « Nappe de Tolga », intensivement capté dans la région des Zibans. Le toit de l'Eocène inférieur n'est pas bien net, il diffère d'un endroit à un autre ; il est représenté par les argiles de l'Eocène moyen et parfois par les argiles sableuses du Quaternaire. Le sénonien marneux semble être le substratum de cet ensemble.

De par sa nature fissurée impliquant une grande transmissivité, cet aquifère paraît influer sur l'écoulement souterrain d'une manière ou d'une autre dans la plaine ; mais il reste mal connu car il est capté par peu de forages d'une part et d'autre part nous ne disposons pas d'informations suffisantes.

A Bir Labrache, la nappe de l'Eocène inférieur y est à plus de 100m de profondeur et présente une épaisseur de plus de 150m. L'alimentation de cette nappe est assurée par la zone d'affleurement de son aquifère (au sud d'El Outaya), où les reliefs méridionaux de l'Atlas saharien qui dominent Tolga constituent l'impluvium.

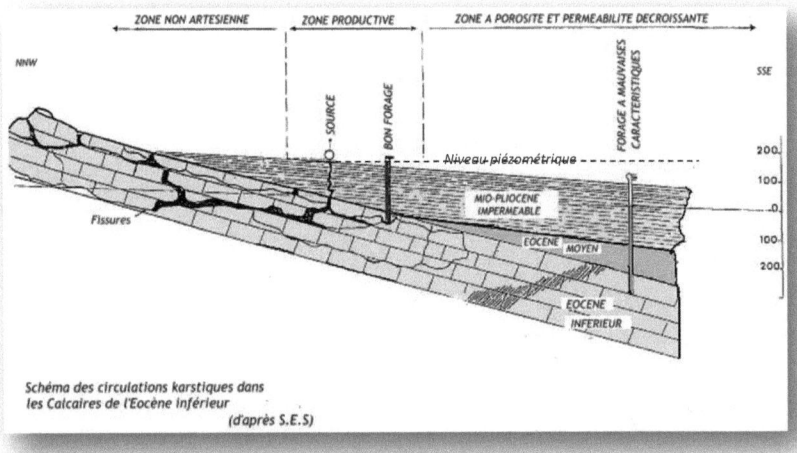

fig.42 : Schéma des circulations des eaux dans les calcaires de l'Eocène inférieur
(d'après S.E.S, in N. Chabour 1981, modifié)

4.2.3. PIEZOMETRIE DE LA PLAINE

❖ *Inventaire et mesures :*

L'inventaire des points d'eau réalisé en mars 2008 dans la plaine d'El Outaya a permis de recenser 53 ouvrages. En dehors de quelques puits paysans et quatre forages d'AEP, les ouvrages réalisés dans la plaine sont destinés, dans leur majorité, à l'irrigation des périmètres agricoles privés ainsi que le périmètre de Koudiat Djedid créé dans le cadre de la concession. Le grand périmètre de M'keinet avec ses 1530 ha est, quant à lui irrigué à partir du barrage de « Fontaine des Gazelles ».

Ces forages sont répartis sur toute la plaine (fig.42), avec une relative concentration dans la région est. Mis à part le forage de reconnaissance situé à la localité de Branis qui, avec ses 1000m de profondeur, traverse la nappe du Mio-Pliocène dans sa totalité, atteignant même les niveaux calcaires de l'Eocène inférieur et le forage de Bir Labrache, captant la nappe des calcaires éocène, avec une profondeur de 400m ; tous les autres ouvrages présentent des profondeurs allant de 50 à 250m et exploitant ainsi le Mio-Plio-Quaternaire.

Afin de respecter le protocole de mesure adopté, et pour les ouvrages faisant l'objet d'une exploitation régulière, une période d'arrêt minimale de quatre (04) heures a été respectée avant chaque mesure.

❖ *Etablissement et interprétation de la carte piézométrique*

L'aquifère du Mio-Pliocène est un réservoir complexe correspondant à un ensemble d'unités aquifères imbriquées et interconnectées entre elles. La carte piézométrique construite ne fait pas la distinction entre les différents horizons. La valeur obtenue en un point de mesure doit donc être considérée comme représentative d'un niveau moyen.

La carte piézométrique élaborée (fig.43) permet de dégager les caractéristiques principales des écoulements :

* Les forts potentiels mesurés au nord-ouest de la plaine (Djebel Moddiane et Djebel Maghraoua) traduisent la présence d'une importante zone de mise en charge dans ce secteur.
* Sur toute la limite est de la plaine, les formations du Pliocène, constituées de poudingues grossiers jouent aussi un rôle important dans la mise en charge de la nappe.
* L'allure des courbes dans la partie nord nous permet de constater que le trias de djebel El Melah ne joue aucun rôle dans la mise en charge de la nappe.

* La partie sud-ouest de la plaine (Bled Selga Saâdoun), semble bénéficier d'apports provenant des calcaires crétacés et des formations quaternaires constituées par les éboulis des piémonts.
* Les directions globales d'écoulement sont orientées vers le sud sur l'ensemble de la plaine et les gradients hydrauliques sont assez homogènes ; ils varient de 5‰ à 7,5‰.
* La morphologie de la piézométrie est largement influencée par les prélèvements effectués au droit des agglomérations d'El Outaya et de la Ferme Driss Amor principalement. En effet, dans cette partie, les pompages excessifs ont généré la formation de deux cônes de dépression concentriques légèrement dissymétriques et à fort gradient hydraulique.
* La distribution des isopièzes indique que l'oued Biskra constitue l'axe de drainage principal de la nappe. En effet, le réseau hydrographique vient influer sur le modelé piézométrique en drainant la nappe soit directement soit par l'intermédiaire des alluvions.

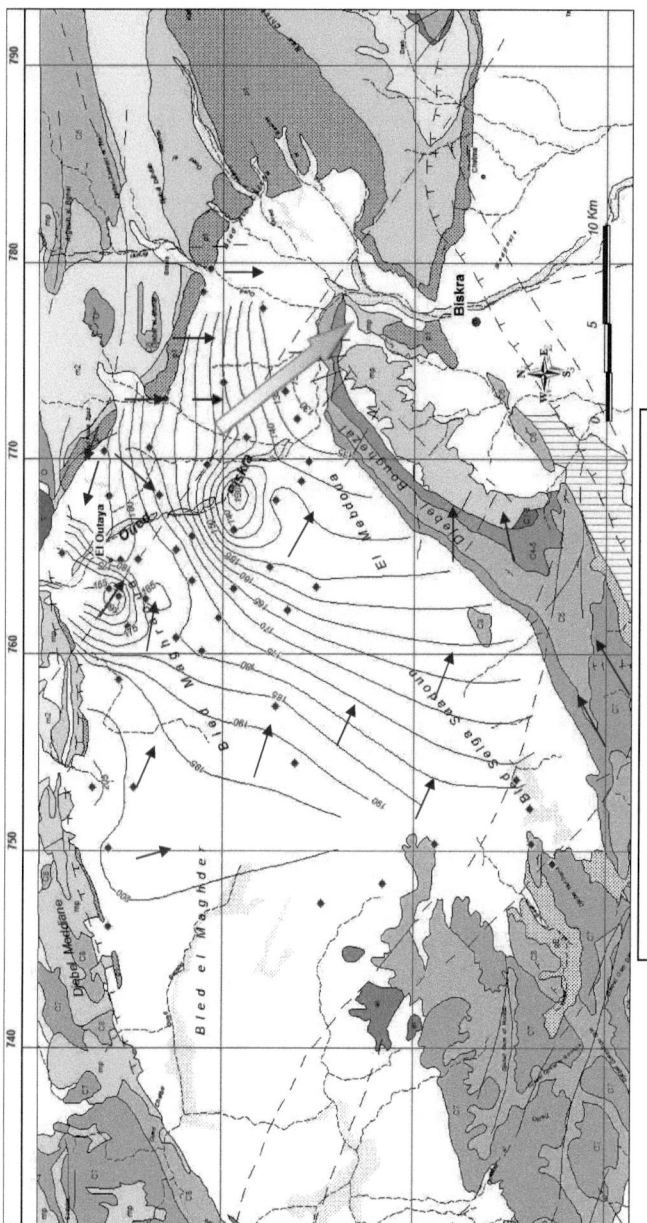

Fig.43 : Carte piézométrique de la plaine d'El Outaya (mars 2008)

4.2.4. DETERMINATION DES CARACTERISTIQUES HYDRODYNAMIQUES

❖ Généralités

La caractérisation d'un aquifère est classiquement élaborée à partir d'une étude géologique et de la réalisation de pompages d'essai. En fonction des informations dont on dispose *a priori*, ces pompages d'essai permettent d'estimer les propriétés hydrodynamiques d'un certain volume de terrain autour de l'ouvrage testé, les limites de ce volume, ou le type d'écoulement au sein de ce volume.

- Principe

Réaliser un pompage d'essai consiste à étudier l'influence d'un pompage effectué à un débit connu Q sur le niveau piézométrique d'un aquifère. L'évolution du niveau piézométrique est mesurée et interprétée dans le puits de pompage et, en fonction des objectifs de l'essai, dans un ou plusieurs piézomètre(s) situé(s) à proximité. La réalisation d'un tel essai peut répondre à deux objectifs distincts (Kruseman et de Ridder, 1990) :
  * estimer les propriétés hydrauliques d'un puits à travers un *essai de puits* ;
  * déterminer les propriétés hydrodynamiques équivalentes, la géométrie et le type d'écoulement d'un certain volume de l'aquifère que ce puits permet d'exploiter, par le biais d'un *essai de nappe*.

L'intérêt principal de cette méthode est qu'elle peut permettre, en fonction du débit, de la durée du pompage et des caractéristiques du milieu, de caractériser un volume de terrain important à partir d'une mesure *in situ*.

Cette échelle d'étude est considérée comme appropriée pour les études hydrogéologiques, pour lesquelles les systèmes étudiés peuvent présenter des dimensions considérables, mais des hétérogénéités à plus petite échelle. L'interprétation permet de décrire le milieu influencé par le pompage avec un modèle «homogène équivalent», dont les paramètres T et S correspondent aux moyennes (arithmétiques et géométriques) des valeurs estimées au niveau des différents puits disponibles (De Marsily *et al.*, 2005).

- Méthode d'interprétation

L'interprétation d'un pompage d'essai consiste classiquement à utiliser un modèle mathématique d'écoulement qui permette de reproduire les rabattements observés au cours de l'essai. Les caractéristiques du milieu y sont exprimées de manière simplifiée, à l'aide, notamment, de conditions limites. Ce modèle, ou solution analytique, repose généralement sur la résolution de l'équation de diffusivité en coordonnées radiales centrées sur le puits de pompage (De Marsily, 1981) :

$$\frac{1}{r} * \frac{\partial h}{\partial r} + \frac{\partial^2 h}{\partial r^2} = \frac{S}{T} \frac{\partial h}{\partial t}$$

où *r* représente la distance par rapport au puits de pompage (en m),
h la charge piézométrique (en m),
S le coefficient d'emmagasinement (sans unité),
T la transmissivité de l'aquifère (en m²/s),
t le temps (en s).

Dans le cas où le rabattement est mesuré dans un piézomètre distinct du puits de pompage, l'ajustement de la solution analytique permet classiquement d'obtenir les valeurs de *T* et *S* du milieu. En revanche, si le puits de pompage est le seul ouvrage disponible, seule la valeur de *T* pourra être estimée. En fonction de la solution analytique utilisée, des paramètres additionnels peuvent être estimés, comme la distance à d'éventuelles limites ou le type d'écoulement.

* Les solutions analytiques

De nombreuses solutions analytiques ont été développées pour reproduire les différentes configurations d'aquifères possibles. Le choix de la solution à employer est dicté par la connaissance que l'on a du système étudié *à priori*, ainsi que par le biais d'informations obtenues au cours de l'essai à travers l'analyse de l'évolution du rabattement et l'utilisation de courbes diagnostics, comme la dérivée logarithmique du rabattement (Renard *et al.*, 2008) ou les *flow diagnostic plots* (Bourdet, 2002). Ces outils permettent notamment d'identifier la géométrie des écoulements à partir de la forme des différentes courbes.

L'historique de ces méthodes, ou le détail des solutions sont présentés abondamment dans la littérature, notamment par Renard (2005a,b) et Chapuis (2007).

Dans ce qui suit, nous présenterons certaines des solutions les plus usitées.

* *Solution de C.V. Theis*

La solution de Theis simule le comportement transitoire d'un aquifère captif infini et homogène, avec un niveau statique initial horizontal, soumis à un pompage à débit constant, dans un puits complet, parfait (hydrauliquement parlant) et de diamètre négligeable (fig.44a). Le rabattement *s* (en m) s'exprime par :

$$s(r;t) = \frac{Q}{4\pi T} * W\left(\frac{r^2 S}{4Tt}\right)$$

où *W* représente la fonction du puits définie par Theis (1935),
Q le débit de pompage (en m³/s),
r la distance au puits de pompage (en m),
t le temps de pompage (en s).

Cette solution est une des plus communément utilisée pour l'interprétation des pompages d'essais. Bien que ses conditions d'application soient restrictives, elle constitue la base de nombreuses solutions plus complexes, développées pour reproduire le fonctionnement d'aquifères moins « idéaux ».

* *Solution de Cooper-Jacob*

Une simplification de la fonction de puits W a également été développée par Cooper et Jacob(1946) pour les essais suffisamment longs. L'expression finale de cette méthode est :

$$s = \frac{2,30Q}{4\pi T} \log \frac{2,25Tt}{r^2 S}$$

Des travaux ultérieurs ont permis d'étendre l'applicabilité de cette solution pour les puits incomplets (Hantush, 1961) et les effets de capacité (Papadopoulos et Cooper, 1967).

Prise en compte d'éventuelles limites

Les solutions analytiques ont été développées initialement pour simuler le fonctionnement d'aquifères infinis, alors que ces derniers sont en réalité limités par d'autres formations plus ou moins transmissives ou des plans d'eau. Ces limites vont jouer un rôle sur les écoulements au sein de ces milieux, et doivent donc être prises en compte pour l'interprétation.

Lorsque les conditions d'application de la solution de Theis sont respectées, l'effet d'une limite est mathématiquement équivalent à l'effet d'un puits imaginaire situé de l'autre côté de la limite réelle du milieu (Renard, 2005b). En présence d'une limite à flux nul (contact avec une formation imperméable), ce puits « image » pompe un débit égal au débit de pompage Q. Inversement, en présence d'une limite à charge imposée (contact avec un plan d'eau par exemple), ce puits image injecte un débit Q dans le milieu (figures 44 b,c). Ainsi, le rabattement s à une distance r du puits de pompage s'exprime par :

$$S(r;t) = \frac{Q}{4\pi T}\left[W\left(\frac{r^2 S}{4Tt}\right) + \beta * W\left(\frac{r_i^2 S}{4Tt}\right)\right]$$

où r_i correspond à la distance entre le puits imaginaire et le point d'observation situé à la distance r du puits de pompage (en m).
Le paramètre β (sans unité) est tel que β = 1 pour une limite à flux nul (augmentation du rabattement) et β = −1 pour une limite à charge imposée (stabilisation du rabattement).

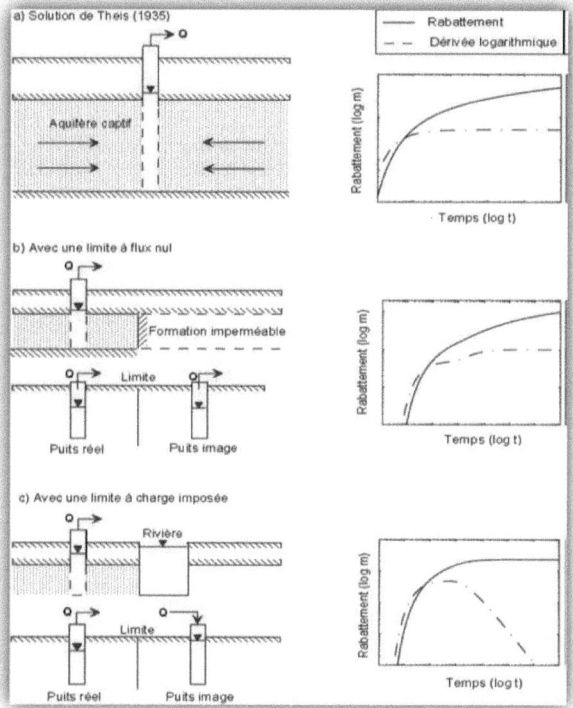

Fig. 44: Modèles conceptuels de la solution de Theis et effets des limites, modifié d'après Renard (2005b)

Une particularité de la solution de Cooper-Jacob (1946) est que la présence d'une limite à flux nul entraîne un doublement de la pente du rabattement (en fonction du temps) dans un graphe semi-log, et inversement, une division de cette pente par deux pour une limite à charge imposée.

* <u>*Méthode de Chow*</u>

En s'appuyant sur la formulation de Theis, Chow (1952) développa une méthode dont l'intérêt est qu'on n'a pas besoin de tracer la courbe par la méthode de Theis, sans pour autant être limité aux faibles valeur de r et aux fortes valeurs de t, comme dans la formulation de Cooper-Jacob.

Afin de calculer les valeurs de W(u) et u correspondant au rabattement s mesuré au temps t, Chow introduisit la fonction suivante :

$$F(u) = \frac{W(u)e^u}{2.30}$$

Cette fonction F(u) se calcule aisément par l'intermédiaire de $F(u) = \dfrac{S_A}{\Delta S_A}$, avec S_A le rabattement du point A, lu directement sur l'axe des rabattements de la courbe tracée au préalable et ΔS_A la pente de la tangente à la courbe. La relation entre F(u), W(u) et u est donné dans l'abaque de la figure 45 suivante.

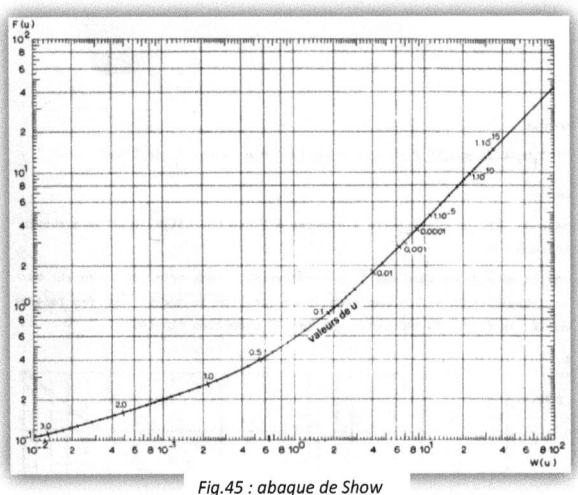

Fig.45 : abaque de Show

* <u>Modèle de Barker (1988)</u>

Le modèle d'Ecoulement Radial Généralisé développé par Barker (1988) (ou *Generalized Radial Flow*), correspond à une généralisation des équations définies pour des écoulements à géométrie radiale à n'importe quelle dimension n *(fig.46 f,g,h)*. Ce modèle permet notamment de simuler des écoulements à géométrie linéaire (n = 1), radiale (n = 2) ou sphérique (n = 3), ainsi que toutes les dimensions intermédiaires correspondant à des valeurs de n non-entières. Les équations présentées dans le schéma ci-après font intervenir K et Ss, représentant respectivement la perméabilité (en m/s) et le coefficient d'emmagasinement spécifique du milieu (en m^{-1}), tels que K = T/b et Ss = S/b avec b l'épaisseur (en m) de l'aquifère.

D'un point de vue mathématique, ce modèle considère la section à travers laquelle passe l'écoulement au sein du milieu. La dimension d'écoulement n est liée à la puissance avec laquelle l'aire de cette section varie en fonction de la distance au puits de pompage (Barker, 1988). Ainsi, lorsque le milieu dans lequel se produit l'écoulement est homogène, la dimension n renseigne sur la géométrie de ce milieu.

Cependant, cette dimension d'écoulement n'est pas liée à la géométrie de manière univoque : différentes géométries peuvent donner la même valeur de n (Walker et Roberts, 2003).

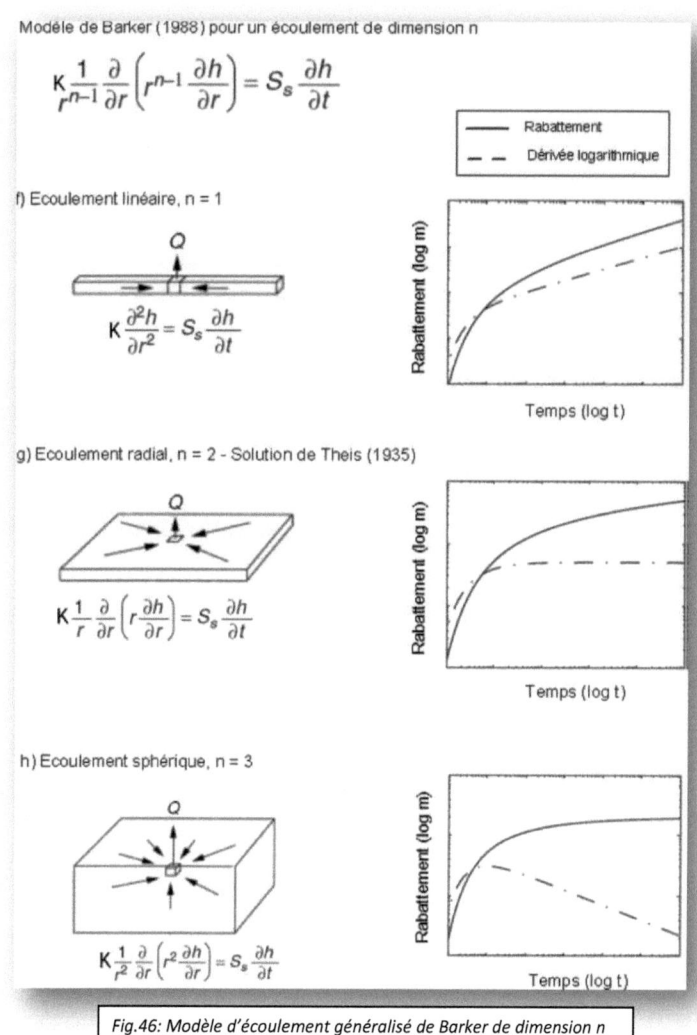

Fig.46: Modèle d'écoulement généralisé de Barker de dimension n

Ce modèle présente toutefois l'avantage de reproduire le comportement de différents types d'aquifères en ajoutant un unique paramètre *n* (Renard, 2005b), et d'interpréter des essais dans des milieux dont la géométrie n'est pas connue *à priori* ou est difficile à définir, comme dans les milieux fracturés avec des directions d'écoulements privilégiées (Beauheim &al.,2004)

- Limitations et ambigüité de l'interprétation

Au delà des difficultés liées à leur mise en œuvre, les principales limitations des pompages d'essai résident dans la non-unicité de l'interprétation et dans la non-applicabilité de cette méthode dans les milieux peu productifs.

Pour qu'une interprétation réalisée à l'aide d'une solution analytique soit représentative du milieu pompé, la solution employée doit permettre de reproduire les effets des différents processus à l'œuvre au sein de ce milieu. La difficulté principale consiste à identifier ces processus, qui peuvent présenter des signatures similaires en termes d'évolution du rabattement, en particulier lorsque l'essai n'est pas suffisamment long, que le milieu est hétérogène et/ou que les données sont bruitées.

Il n'existe pas de durée « type » pour un pompage d'essai, mais dans la majorité des cas, pour des raisons logistiques ou financières, ceux-ci ne sont pas suffisamment longs. Ainsi, à moins de connaître les caractéristiques du milieu étudié *à priori*, différentes solutions analytiques pourront être envisagées pour interpréter certains essais.

Cette interprétation peut toutefois être contrainte en précisant le modèle conceptuel du milieu à l'aide d'informations complémentaires. Ceci permet de préciser le choix de la solution analytique et donc de réduire les incertitudes (Chapuis, 1994a,b; Raghavan, 2004). Parmi les outils disponibles, la dérivée logarithmique du rabattement, dont la pente est liée à la dimension n du modèle de Barker, est un outil intéressant. Son utilisation, classique pour l'industrie pétrolière, fait partie des développements récents de la méthode de pompage d'essai pour l'hydrogéologie (Renard *et al.*, 2008).

Une autre limitation de cette méthode concerne le fait de devoir extraire de l'eau du sous-sol. Malgré tous les avantages en termes de connaissance du milieu, certains contextes géologiques ne sont tout simplement pas adaptés à cette méthode. C'est le cas notamment en zone côtière ou à proximité des chotts, où les pompages peuvent provoquer des intrusions salines, et réduire (encore plus) la faible disponibilité de l'eau douce (Bear, 2005).

❖ *Interprétation des essais de pompage*

- Description des forages d'essais

Les essais de pompage ont été exécutés pour le compte de la Direction d'Hydraulique de la Wilaya de Biskra par le biais de l'entreprise « HYDROFORAGE ». Ces essais ont concerné cinq forages dont les caractéristiques figurent dans le tableau n° 10 suivant :

Localité	Nature de l'ouvrage	Coordonnées			Débit (l/s)	Type d'essai
		X	Y	Z		
F. Driss Amor 1	Forage	765500	190700	222	5	Descente - remontée
F. Driss Amor 2	Forage	767200	190600	222	24	Descente - remontée
El Outaya (AEP)	Forage	763500	197500	285	10	Descente - remontée
S'mala (DA5)	Forage	768500	186500	205	24	Essais par paliers
Bir Labrache	Forage	651600	183100	193	25-36-45-40	Pompage à débit variable

Tableau n° 10 : Caractéristiques des ouvrages et des essais de pompages

* _Le forage DA1_ : il capte la nappe sur une profondeur de 50m, il est crépiné entre 30 et 40m. La durée du pompage est de 6heures avec un débit constant de 6l/s. ceci a conduit à un rabattement total de 1,02m dans le forage. La remontée a été observée pendant 14heures et le niveau s'est stabilisé à 24,60m de profondeur. (fig.47)

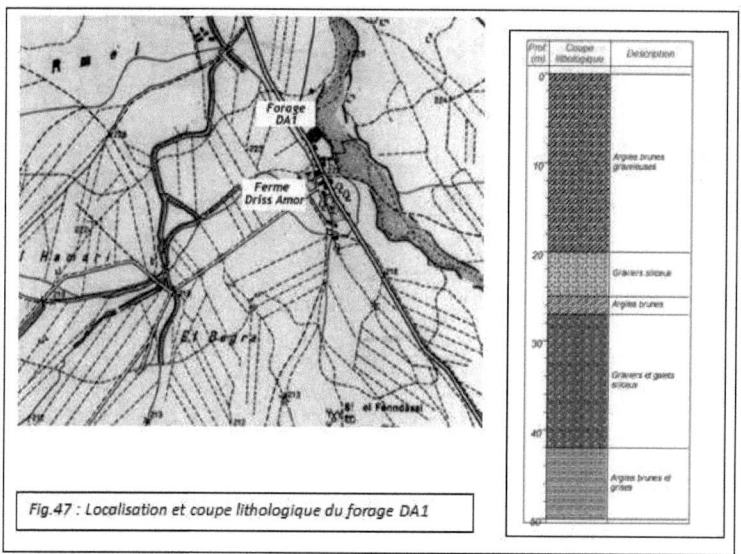

Fig.47 : Localisation et coupe lithologique du forage DA1

* *Le forage DA6* : Ce forage capte la nappe du Mio-Pliocène à une profondeur de 196m (fig.48) ; il est crépiné entre 90 et 194m. La durée de pompage est de 24heures avec un débit constant de 24l/s, entrainant un rabattement de 1,64m dans le forage. La remontée a été observée pendant 12heures et le niveau s'est stabilisé à 53m de profondeur.

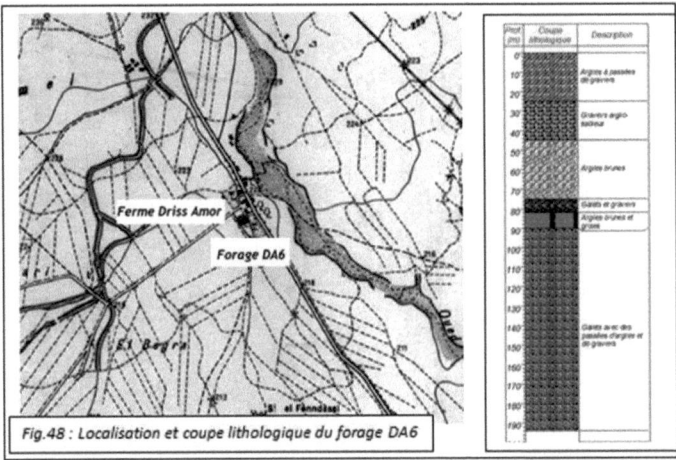

Fig.48 : Localisation et coupe lithologique du forage DA6

* *Le forage AEP El Outaya* : ce forage (fig.49) capte la nappe des calcaires (Sénonien) à une profondeur de 200m. il est crépiné entre 34 – 40m, 55 - 60m et 120 – 155m. la descente a été observée pendant 24heures avec un débit constant de 10l/s et le rabattement final est de 46,8m. La phase de remontée a duré 6heures et le niveau s'est stabilisé 3,44m de profondeur.

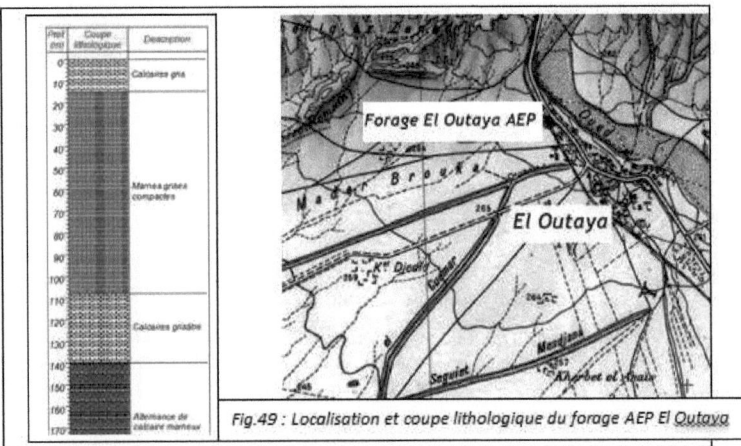

Fig.49 : Localisation et coupe lithologique du forage AEP El Outaya

* *Le forage de Bir Labrache n°1* : il capte la nappe des calcaires à une profondeur de 400m et il est crépiné entre 280 et 380m (fig.50). L'essai effectué sur ce forage est un essai à débits enchainés, il comporte quatre (04) paliers dont les débits sont successivement : 25l/s, 36l/s, 45l/s et 40l/s.

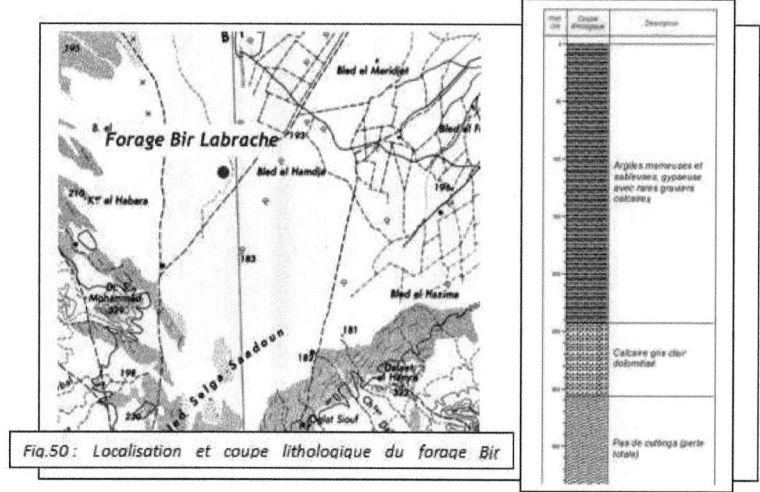

Fig.50 : Localisation et coupe lithologique du forage Bir

* *Le forage DA5 (Smala)* : le forage DA5 a fait l'objet d'un essai par paliers de débits (classique). Nous l'avons exploité pour déterminer les caractéristiques hydrauliques du complexes ouvrage/aquifère. Nous ne disposons pas de coupe lithologique pour ce forage, mais son positionnement (fig.51) montre qu'il capte la nappe du Mio-Pliocène.

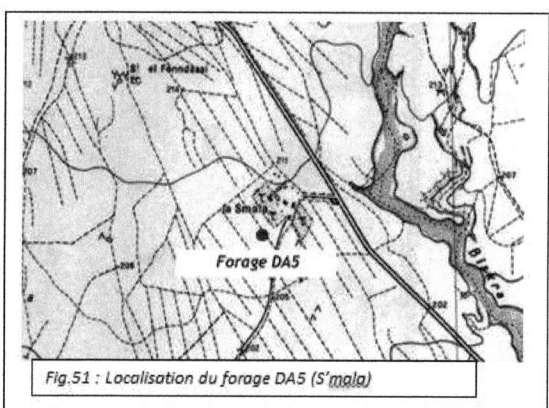

Fig.51 : Localisation du forage DA5 (S'mala)

- Traitement et interprétation des essais de pompage

Les données recueillies lors des essais des forages DA1, DA6 et El Outaya AEP, ont fait l'objet d'une application systématique des trois solutions analytiques citées auparavant (Theis, Cooper-Jacob et Chow).

L'essai à débit variable effectué sur le forage de Bir Labrache a été traité et interprété par l'approximation logarithmique de Cooper-Jacob en tenant compte de la variation des débits.

Quant à l'essai par paliers du forage DA5, il a été interprété par la méthode classique des essais de puits par paliers de débits.

A cet effet, un programme traitant la solution de Cooper-Jacob ainsi que les essais par paliers de débits a été élaboré par nos soins et intégré en tant que plug-in dans le tableur « Excel ». Nous présenterons ci-après, à titre d'exemple, les applications de ce programme effectuées sur le forage de Driss Amor DA1, et l'essai par paliers effectué sur le forage de Bir Labrache. Les résultats d'essais sur les autres forages sont consignés en annexes.

REPUBLIQUE ALGERIENNE DEMOCRATIQUE POPULAIRE
UNIVERSITE DES SCIENCES ET DE LA TECHNOLOGIE HOUARI BOUMEDIENE
FACULTE DES SCIENCES DE LA TERRE

LABORATOIRE DE GEO-ENVIRONNEMENT

FICHE D'ESSAI DE POMPAGE A DEBIT CONSTANT

N° du forage	Driss Amor DA -1	Localité	El Outaya	
Repère:	Sol	Niveau statique NS:	24,28m	
Aspiration à:	45,00m	A la date du	03/05/2005	
Début essai	18h (03/05/2005)	Fin essai	03h (04/05/2005) Durée essai	09 h
Début pompage	18h (03/05/2005)	Fin pompage	00h (04/05/2005) Durée pompage	06 h
Début remontée	00h (04/05/2005)	Fin remontée	03h (04/05/2005) Durée remontée	06 h

Date	Heure	Durée d'essai (s)	MESURE EN TETE DE FORAGE				OBSERVATIONS
			Debit (l/s)	N.D. (m)	Temp. (°C)	C.E. a 20 °C (µS/cm)	
03/05/2005	18h	0,00		24,28			Début écoulement
		60,00		31,80			
		120,00		32,25			
		180,00		32,25			
		240,00		32,44			
		300,00	6,00	32,53			
		360,00		32,53			
		420,00		32,53			
		480,00		32,58			
		540,00		32,60			
		600,00		32,53			Eau claire
		900,00		32,54			
		1200,00		32,56			
		1500,00		32,56			
		1800,00		32,58			
		2100,00	6,00	32,59			
		2400,00		32,58			
		3000,00		32,58			
		3600,00		32,60			
		4500,00		32,65			
		5400,00		32,73			
		6300,00		32,73			
		7200,00		32,74			
		8100,00	6,00	32,73			
		9000,00		32,74			
		9900,00		32,74			Eau claire
		10800,00		32,76			
		12600,00		32,76			Eau claire
		14400,00		32,78			
		16200,00		32,82			
		18000,00		32,82			
		19800,00		32,82			
04/05/2005	00h	21600,00		32,82			Fin Pompage - Début remontée

		21660,00		28,28		
		21720,00		26,23		
		21780,00		25,64		
		21840,00		25,20		
		21900,00		25,07		
		21960,00		25,00		
		22020,00		25,00		
		22080,00		25,00		
		22140,00		24,96		
		22200,00		24,96		
		22800,00		24,88		
		23400,00		24,85		
		24000,00		24,77		
		24600,00		24,74		
		25200,00		24,73		
		26100,00		24,70		
		27000,00		24,69		
		27900,00		24,68		
		28800,00		24,67		
		29700,00		24,66		
		30600,00		24,65		
		31500,00		24,64		
04/05/2005	03h	32400,00		24,62		Fin Essai

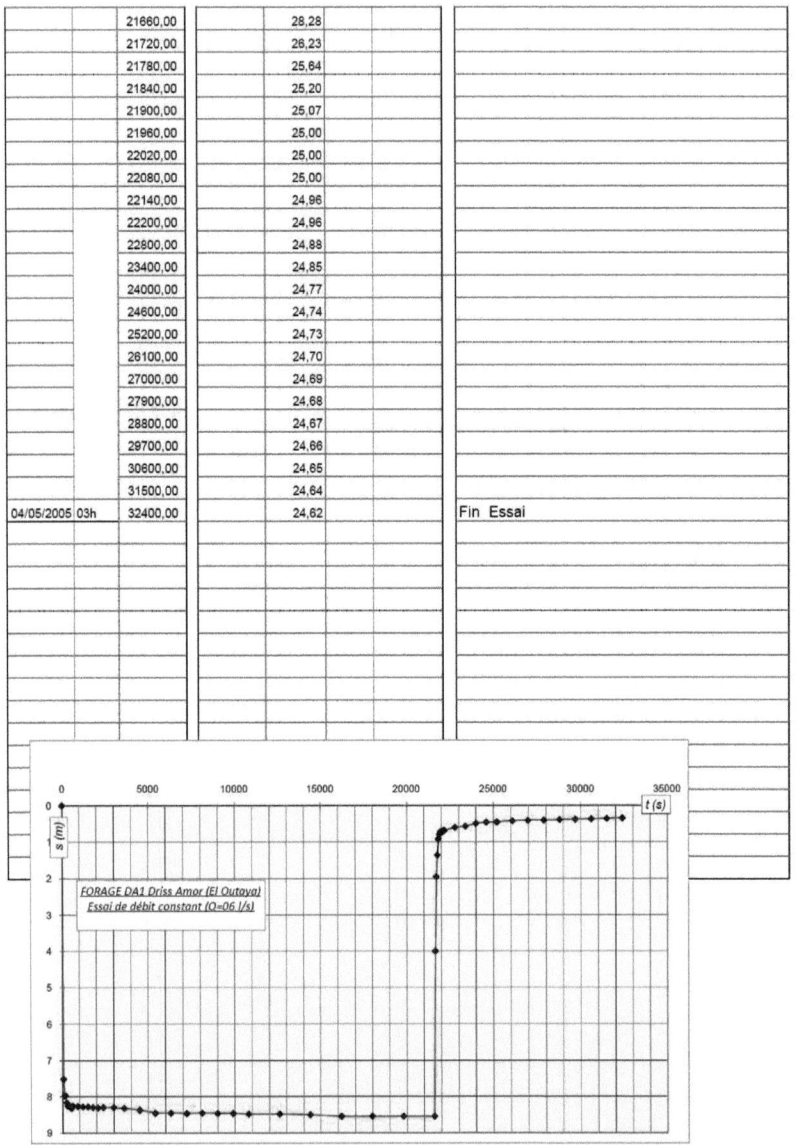

FORAGE DA1 Driss Amor (El Outaya)
Essai de débit constant (Q=06 l/s)

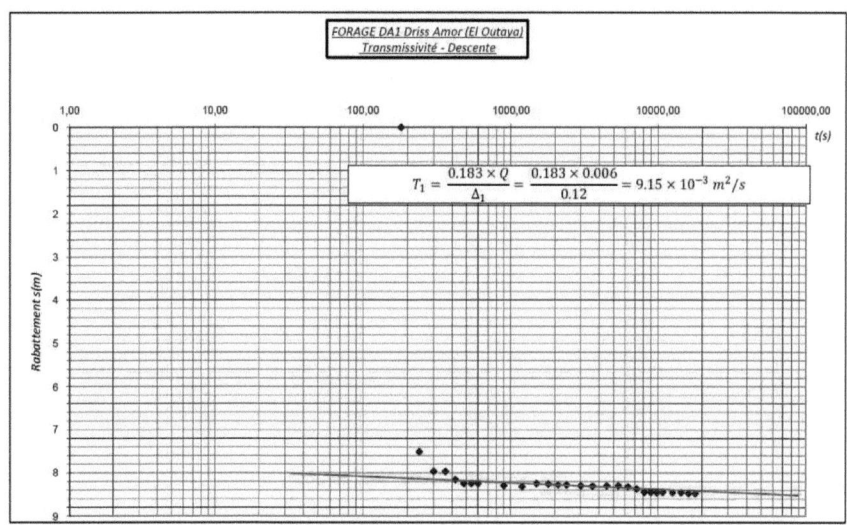

fig.52a: Détermination de la transmissivité -descente; forage DA1

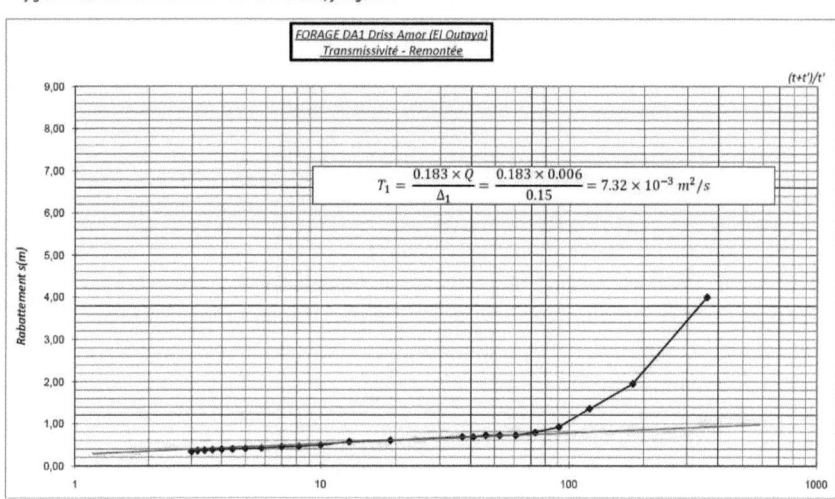

fig.52b: Détermination de la transmissivité remontée; forage DA1

REPUBLIQUE ALGERIENNE DEMOCRATIQUE POPULAIRE
UNIVERSITE DES SCIENCES ET DE LA TECHNOLOGIE HOUARI BOUMEDIENE
FACULTE DES SCIENCES DE LA TERRE
LABORATOIRE DE GEO-ENVIRONNEMENT

FICHE D'ESSAI DE DEBIT PAR PALIERS

N° du forage	BIR LABRACHE N°1	Localité	EL OUTAYA	
Repère:	Sol	Niveau Statique (N.S.)	20,63m	
Aspiration à:		A la date du	09/06/2005	
Début essai	10h (09/06/2005)	Fin essai	16h (10/06/2005)	Durée essai 30h
Début 1er palier	10h (09/06/2005)	Fin 1er palier	12h (09/06/2005)	Durée 1er palier 2h
Début 2ème palier	12h (09/06/2005)	Fin 2ème palier	14h (09/06/2005)	Durée 2ème palier 2h
Début 3ème palier	14h (09/06/2005)	Fin 3ème palier	16h (09/06/2005)	Durée 3ème palier 2h
Début 4ème palier	16h (09/06/2005)	Fin remontée	16h (10/06/2005)	Durée remontée 24h

Date	Heure	Durée d'essai (s)	Debit (m^3/h)	N.D (m)	Temp. (°C)	C.E. a 20 °C (µS/cm)	OBSERVATIONS
09/06/2005	10h	0		20,63			*Premier palier*
		60	90,00	23,96			
		120		23,95			
		180		23,95			
		240		23,94			
		300		23,95			
		600		23,96			
		900		23,95			
		1200		23,88			
		1800	90,00	23,85			
		2400		23,84			
		3000		23,84			
	11h	3600		23,83			
		4500		23,83			
		5400	90,00	23,81			Eau claire
		6300		23,80			
	12h	7200	90,00	23,80			
		7260	129,60	27,29			*Deuxième palier*
		7320		27,40			
		7380		27,45			
		7440		27,46			
	19h	7500		27,47			
		7800	129,60	27,47			
	20h	8100		27,46			
	21h	8400		27,47			
	22h	8700		27,45			
	23h	9000		27,47			
24/03/2010	00h	9600		27,47			
	01h	10200		27,46			

Date	Heure							
	02h	11100		27,46			Eau claire	
		12000		27,47				
		12900		27,47				
		13800	129,60	27,47				
		13860	162,00	30,76			*Troisième palier*	
		13920		30,77				
		13980		30,77				
	03h	14040		30,73				
		14100	162,00	30,74				
	04h	14400		30,71				
	05h	14700		30,67				
	06h	15000		30,67				
	07h	15300		30,68				
	08h	15600		30,67				
	09h	16200		30,66				
	10h	16800		30,66			Eau claire	
		17700		30,68				
25/03/2010		18600		30,68				
		19500		30,67				
		20400	162,00	30,67				
							Fin	

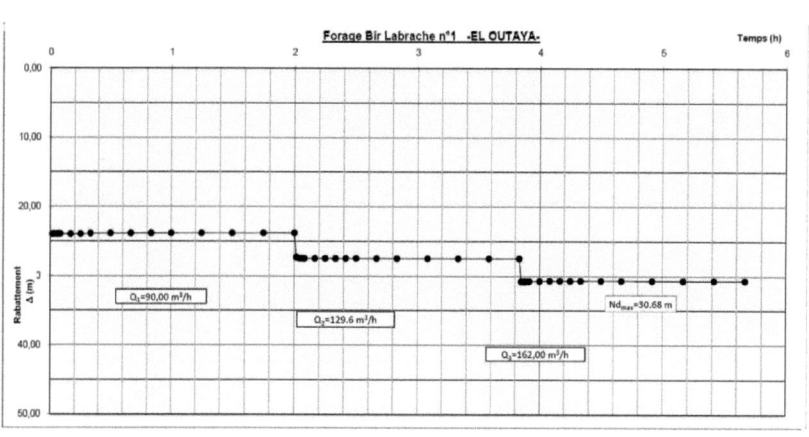

Forage Bir Labrache n°1 -EL OUTAYA-

$Q_1=90,00$ m³/h
$Q_2=129,6$ m³/h
$Q_3=162,00$ m³/h
$Nd_{max}=30.68$ m

FORAGE BIR LABRACHE N°1 -EL OUTAYA- DONNEES ESSAI DE DEBIT PAR PALIERS

OBSERVATIONS	DEBIT Q		P - PRESSION TETE FORAGE	NIVEAU EAU N.D	RABATTEMENT Δ	RABATTEMENT SPECIFIQUE Δ/Q	DE LA FORMULE DU PUITS		TEMPERATURE EAU A LA SORTIE	CONDUCTIVITE ELECTRIQUE A 20°C
							Pertes de formation	Pertes de puits		
	l/s	m³/h	bar	m (H₂O)	m (H₂O)	m/m³/h	m	m	°C	µS/cm
Statique	---	---		20,63	0,00	---	---	---	---	---
1° Palier -480 mn	25,00	90,00		23,81	3,18	0,035	0,72	2,43		
2° Palier - 480 mn	36,00	129,60		27,47	6,84	0,053	1,04	5,04		
3° Palier - 480 mn	45,00	162,00		30,67	10,04	0,062	1,30	7,87		

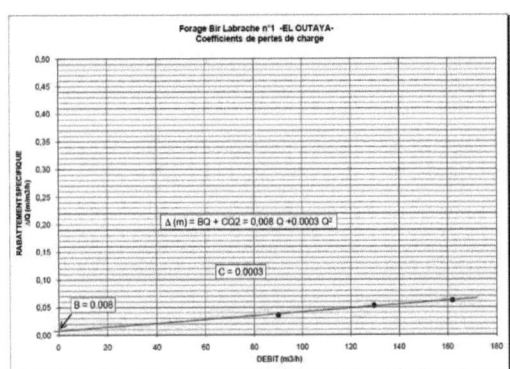

fig.53: Courbe rabattement spécifique en fonction du débit; forage Bir Labrache

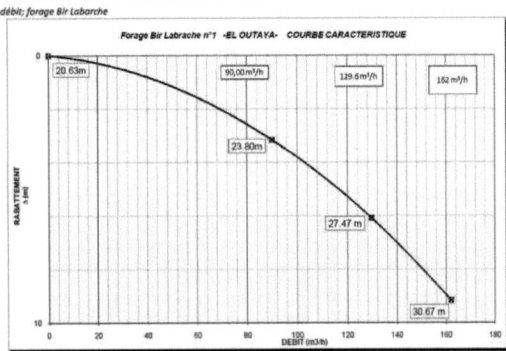

fig.54: Courbe caractéristique; forage Bir Labrache

Les graphes et résultats de traitement obtenus par la solution de Theis et par la méthode de Chow sont regroupés en annexes et le tableau n° 13 ci-joint récapitule les résultats de l'application des différentes solutions au niveau de ces forages :

Méthodes Forages	Cooper-Jacob		Theis	Chow
	Descente	Remontée		
Driss Amor DA1	$9.15*10^{-3}$	$7.32*10^{-3}$	$4.68*10^{-3}$	$1.68*10^{-3}$
Driss Amor DA6	$T_1=2.96*10^{-3}$ $T_2=8.78*10^{-2}$	$T_1=2.93*10^{-2}$ $T_2=2.37*10^{-3}$	$2.41*10^{-3}$	$2.45*10^{-3}$
El Outaya AEP	$2.18*10^{-3}$	$1.37*10^{-3}$	$3.8*10^{-3}$	$3.6*10^{-3}$
S'mala DA5	$9.15*10^{-2}$	$1.99*10^{-2}$	$1.6*10^{-2}$	$1.5*10^{-2}$

Tableau n° 13 : Récapitulation des résultats de transmissivités obtenues par les différentes méthodes

Même si le degré de fiabilité concernant les méthodes graphiques de superposition (Theis) et de détermination des valeurs (Theis, Chow) est posé, il reste que les valeurs obtenues sont assez comparables. Ceci est, à priori, dû au fait que les trois méthodes découlent de la même solution analytique (Theis).

- Détermination de la conductivité hydraulique

Le coefficient de perméabilité K (ou conductivité hydraulique), encore appelé « perméabilité au sens de Darcy » correspond à l'aptitude d'un milieu à se laisser traverser par un fluide sous l'effet d'un gradient de pression.

On définit la conductivité hydraulique K, ou coefficient de perméabilité, comme :

$$K\ (m.s^{-1}) = \frac{k}{\eta}$$

avec k, la perméabilité intrinsèque (caractéristique du matériau contrôlée par la porosité)
η la viscosité dynamique.

La conductivité hydraulique K est reliée à la transmissivité par la relation :

$$T(m^2.s^{-1}) = K(m.s^{-1}) * H(m)$$

avec H, l'épaisseur de la formation aquifère.

Les ouvrages étant incomplets et partiellement crépinés, nous utiliserons, à défaut l'épaisseur totale de l'aquifère telle que déduite de l'étude géophysique et décrite dans les coupes lithologiques des différents ouvrages.

Les valeurs de transmissivités considérées sont celles obtenues par la méthode de Cooper-Jacob ; nous avons pris les valeurs de la remontée car elles reflètent mieux les caractéristiques de l'aquifère, la nappe n'étant pas en régime influencé.

Les valeurs obtenues sont reportées dans le tableau n° 14 ci-dessous :

Forage	Epaisseur de la formation (m)	Transmissivité (m2/s)	Conductivité hydraulique (m/s)
Driss Amor DA1	50	$7.32*10^{-3}$	$1.46*10^{-4}$
Driss Amor DA6	70	$1.58*10^{-2}$	$2.25*10^{-4}$
El Outaya AEP	65	$1.37*10^{-3}$	$2.15*10^{-5}$
Bir Labrache n°1	120	$5.12*10^{-3}$	$4.26*10^{-5}$
S'mala DA5	80	$1.99*10^{-2}$	$2.48*10^{-4}$

Tableau n° 14 : Transmissivités et conductivités hydrauliques de la plaine d'El Outaya

Nous constatons que les perméabilités se situent dans l'intervalle 10^{-4} m/s et 10^{-5} m/s. Elles caractérisent grossièrement des aquifères à perméabilité moyenne et médiocre (Castany, 1982) ; ces valeurs reflètent la nature lithologique des formations constituant la plaine d'El Outaya, avec une granulométrie variée et une relative importance de la fraction argileuse.

La répartition spatiale de ces valeurs nous permet de distinguer deux groupes :
- Un premier, à perméabilité relativement bonne (10^{-4}), représenté par les forages DA1, DA6 et DA5 et captant les formations du Mio-Pliocène.
- Un deuxième groupe, à perméabilité moindre (10^{-5}), intéressant les forages Bir Labrache et El Outaya AEP qui eux, captent les calcaires fissurés de l'Eocène inférieur.

4.2.5. CONCLUSION

A la lumière de ces différentes analyses, il en ressort les éléments suivants :

* *La plaine d'El Outaya est le siège d'un vaste système aquifère où s'individualisent trois unités hydrogéologiques qui sont les calcaires*

fissurés de l'Eocène inférieur, les formations détritiques du Mio-Pliocène et les dépôts alluvionnaires de Quaternaire.
* L'analyse piézométrique montre que l'écoulement présente un sens général nord – sud. Les zones de mise en charge sont localisées dans la partie est représentée par les poudingues grossiers du Pliocène ainsi que la partie nord-ouest (djebel Moddiane et djebel Maghraoua).
* Le djebel El Melah apparaît comme une limite étanche et ne présente pas de rôle important quant à l'alimentation de la plaine. L'hypothèse du drainage de la nappe alluviale par l'oued ainsi que l'intercommunication des différentes nappes de la plaine, ne sont pas à écarter.
* L'utilisation des différentes méthodes d'interprétation des essais de pompage, même si le degré de fiabilité reste posé, nous ont permis de déterminer la transmissivité et la conductivité des niveaux captés par les forages d'essai.

La transmissivité varie de 10^{-2} m^2/s à 10^{-3} m^2/s et conséquemment, une perméabilité de 10^{-4} m/s pour les formations du Mio-Pliocène et de 10^{-5} m/s pour les calcaires de l'Eocène inférieur.

5. ASPECTS HYDROCHIMIQUES

5.1. INTRODUCTION

L'analyse de la chimie des eaux constitue un complément indispensable à l'étude hydrogéologique des nappes et à la gestion des ressources en eau. Elle permet d'apporter de nombreuses informations sur le milieu aquifère, notamment, la nature de l'encaissant, les zones d'alimentation et de circulation, la potabilité des eaux, etc.

Plusieurs travaux ont été présentés concernant l'analyse hydrogéochimique de la plaine d'El Outaya. Les uns se sont attachés à étudier la qualité chimique des eaux (Aoucha et Lounes, 1998) ; d'autres se sont intéressés à l'origine de la salinité des eaux de la plaine (Brinis, 2003 ; Brinis et al., 2009).

Afin de contribuer à la caractérisation hydrochimique de la plaine et de tenter d'expliquer le mode d'acquisition du chimisme ainsi que son origine, une campagne de mesures in situ et d'échantillonnage a été effectuée en période de basses eaux (octobre 2008) dans différents ouvrages répartis sur la région est de la plaine.

L'étude hydrochimique est basée sur :
- Les mesures des paramètres physico-chimiques (température pH et conductivité) effectuées sur le terrain.
- L'interprétation des résultats d'analyses de vingt-cinq échantillons concernant le dosage des éléments majeurs.

Cette étude permettra ainsi de préciser la répartition quantitative des divers éléments dissous, de suivre leur évolution spatiale, et dans certains cas, de déterminer les zones d'alimentation et d'échange entre aquifères, ce qui apporterait un complément d'informations quant à la connaissance du fonctionnement hydrogéologique du système aquifère.

Cependant, nous tenons à signaler au préalable que le traitement par javellisation des ouvrages risque de modifier la teneur naturelle de certains ions, notamment les chlorures et le sodium.

5.2. *ANALYSE ET INTERPRETATION*

5.2.1. LES PARAMETRES PHYSICO-CHIMIQUES

❖ La température

La température de l'eau varie essentiellement en fonction des variations diurnes et saisonnières de la température de l'air. Elle active la mise en solution des sels minéraux, conditionne la solubilité des gaz et favorise la décomposition de la matière organique qui produit le CO_2 nécessaire à la mise en solution des carbonates.

Au niveau des points d'eau de la plaine, la température varie de 19.5°C à 30°C. ces valeurs relativement moyennes sont liées à la faible profondeur des niveaux captés, et à la circulation permanente des eaux. Nous constatons que ces valeurs diminuent au centre de la plaine, pour augmenter légèrement au sud.

❖ Le pH

Le pH, exprimé en mole/l, mesure l'activité des ions H^+ contenus dans l'eau qui varient légèrement avec la température, les saisons et les périodes d'activités biologiques. Il détermine l'acidité ou l'alcalinité de l'eau et règle l'équilibre carbonique dans les formations carbonatées.

Le pH des eaux de la plaine d'El Outaya varie entre 7.3 et 8.3; les fortes valeurs sont observées au sud de la plaine (entre 8.1 et 8.3). Les eaux de la plaine sont donc neutres avec une légère basicité, ce qui expliquerait l'absence des ions CO_3^{--}.

❖ La conductivité

La conductivité d'une eau est proportionnelle, pour une solution donnée, à la concentration en équivalent gramme de sels dans la solution ; elle permet une évaluation approximative de la minéralisation globale de l'eau.

Les valeurs de la conductivité s'échelonnent entre 1970 et 6100µS/cm. Le tracé de la carte d'iso-conductivités (fig.55) permet de relever les points suivants :

Une augmentation progressive des valeurs de la conductivité du nord-ouest vers le sud-est globalement. Les eaux se chargent donc en sels dissous au cours de leur trajet dans les formations encaissantes et ceci, dans le même sens que l'écoulement des eaux souterraines

Les fortes valeurs observées au sud de la plaine sont liées à la présence de nombreux niveaux salés et à la présence du gypse dans les marnes du substratum qui n'est pas profond à ce niveau et à la concentration des eaux avec évaporation dans toute la zone de Selga Saadoun.

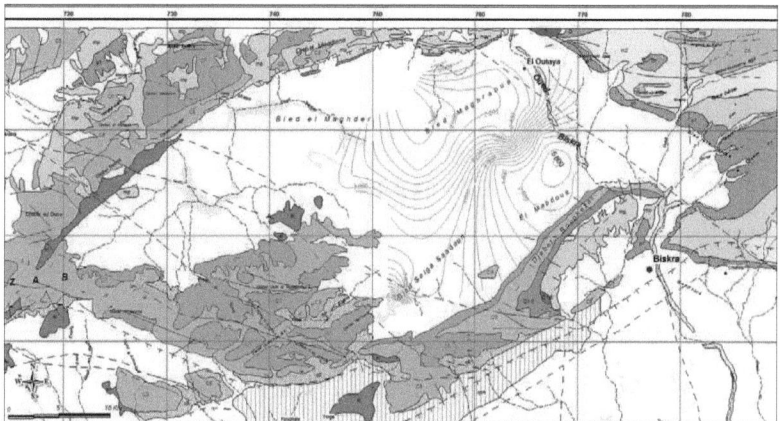

fig.55 : Carte des iso-conductivités des eaux de la plaine d'El Outaya (octobre 2008)

5.2.2. *LES ELEMENTS CHIMIQUES ET LEUR ORIGINE*

❖ *Le calcium :*

Les concentrations en Ca^{++} pour l'ensemble des points d'eau sont comprises 128.3 et 538.6 mg/l. Les fortes teneurs sont rencontrées au niveau de la zone centrale (Driss Amor) ; elles peuvent être liées à la dissolution du gypse contenu dans les formations marneuses.

❖ *Le magnésium :*

Les concentrations en ions Mg^{++} sont moins élevées comparativement au calcium ; elles se situent entre 80 et 333 mg/l. les fortes teneurs se rencontrent au niveau de Bled Selga Saaâdoun où l'évaporation intense favorise la concentration en sels. Elles peuvent être liées à la présence de niveaux argileux dans les différentes formations.

❖ *Le sodium et le potassium*

Les concentrations en ($Na^+ + K^+$) varient entre 1281 et 2123 mg/l. Le sodium, en quantités importantes provient du lessivage des formations salées comme c'est le cas de la zone de Bled Selga Saâdoun (fig.56). Au niveau de la zone d'El Outaya, les fortes teneurs sont liées à la contamination des eaux des nappes superficielles par le lessivage en surface des formations de djebel El Melah ainsi que par les rejets de l'usine « ENASEL » ; ceci est valable dans toute la zone centrale.

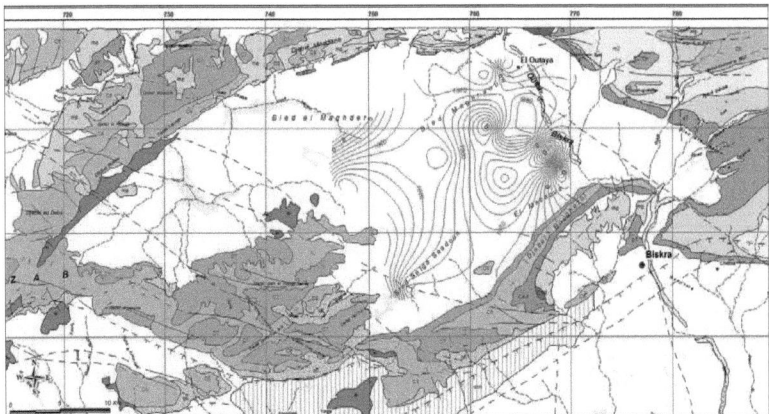

fig.56 : Carte des iso-teneurs en sodium + potassium des eaux de la plaine d'El Outaya (octobre 2008)

❖ *Les bicarbonates*

Les bicarbonates présentent des valeurs oscillant entre 130 et 311 mg/l. Ce sont de très faibles valeurs comparativement aux autres éléments. C'est dans la zone sud, à Bled Selga Saâdoun que les teneurs sont relativement élevées et ceci grâce à la dissolution des roches carbonatées du substratum calcaire qui n'est pas profond.

❖ *Les chlorures*

Les teneurs en chlorures s'échelonnent entre 2875 et 3443 mg/l, depuis la partie nord de la plaine, jusqu'au sud, en conformité avec le sens d'écoulement des eaux souterraines. Les eaux ont donc tendance à se charger en chlorures le long de leur trajet souterrain.

La carte d'iso-teneurs (fig.57) montre que les eaux à forte concentration en chlorures sont localisées dans la partie sud de la plaine, à Bled Selga Saâdoun et

El Mebdoua ; ceci serait du à la concentration des sels en surface par évaporation intense, vu que le substratum n'est pas profond.

Certains endroits présentent aussi des zones à forte teneurs localisées au niveau des agglomérations (El Outaya, Driss Amor) ou encore des exploitations agricoles.

Ces teneurs anormalement élevées seraient en relation avec la faible profondeur de la nappe, qui favorise les fortes évaporations et donc la concentration en sels. De plus, le recyclage de l'eau par l'irrigation rend celle-ci de plus en plus chargée.

D'une manière générale, dans la plaine d'El Outaya, les chlorures peuvent avoir plusieurs origines :
- dissolution des sels par lessivage des terrains salifères ;
- rejet des eaux domestiques et industrielles dans l'oued
- contamination des nappes superficielles par les ruissellements à partir du djebel El Melah
- utilisation des pesticides et des engrais agricoles
- concentration des sels en surface par évaporation intense.

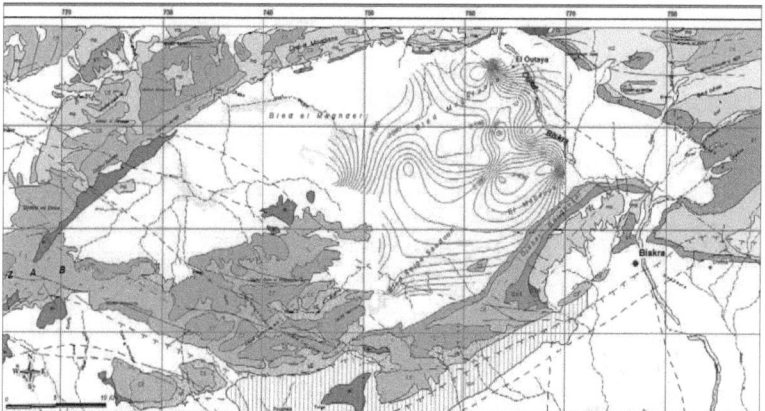

fig.57 : Carte des iso-teneurs en chlorures des eaux de la plaine d'El Outaya (octobre 2008)

❖ *Les sulfates*

Les teneurs en sulfates se situent entre 322 et 552 mg/l. La carte d'isoteneurs (fig.58) montre une augmentation progressive des concentrations du nord vers le sud, dans le même sens que l'écoulement des eaux souterraines.

Les fortes valeurs sont localisées au sud et au centre de la plaine. Ces quantités importantes peuvent provenir de la dissolution du gypse contenu dans les différentes formations, de l'oxydation des sulfures et du lessivage des engrais dans les périmètres agricoles.

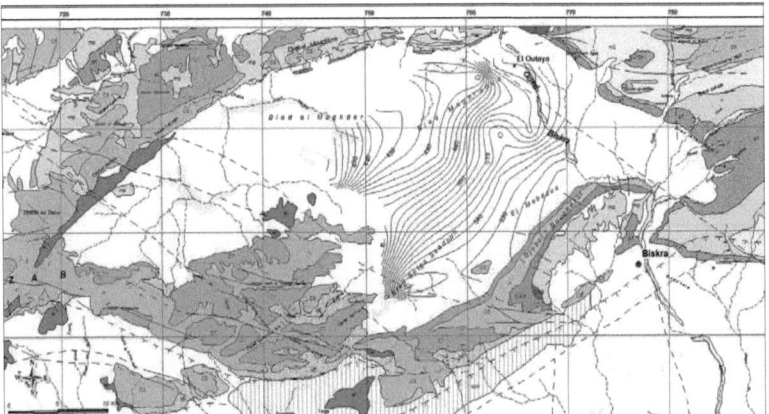

fig.58 : Carte des iso-teneurs en sulfates des eaux de la plaine d'El Outaya (octobre 2008)

5.3. CLASSIFICATION DES EAUX

A partir de la formule caractéristique de Stabler, trois faciès principaux se dégagent :

- ✓ Le faciès chloruré sodique qui est, de loin, le faciès le plus représenté. il concerne toute la partie nord de la plaine et les formules caractéristiques de ce faciès sont les suivantes :
$$rCl > rSO_4 > rHCO_3 \quad , \quad r(Na+K) > rMg > rCa$$
et
$$rCl > rSO_4 > rHCO_3 \quad , \quad r(Na+K) > rCa > rMg$$

- ✓ Le faciès sulfaté sodique et magnésien, circonscrite au niveau de la zone centre-sud (S'mala). Il a pour formule caractéristique :
$$rSO_4 > rCl > rHCO_3 \quad , \quad r(Na+K) > rMg > rCa$$

- ✓ Un troisième faciès se dessine entre les deux zones, déterminant des eaux mixtes à caractère chloruré et sulfaté sodique et magnésien.

Le diagramme de Piper (fig.59) quant à lui classe ces eaux d'une manière globale parmi les eaux chlorurées sodiques et sulfatées sodiques avec une tendance vers le pôle hyper chloruré sodique.

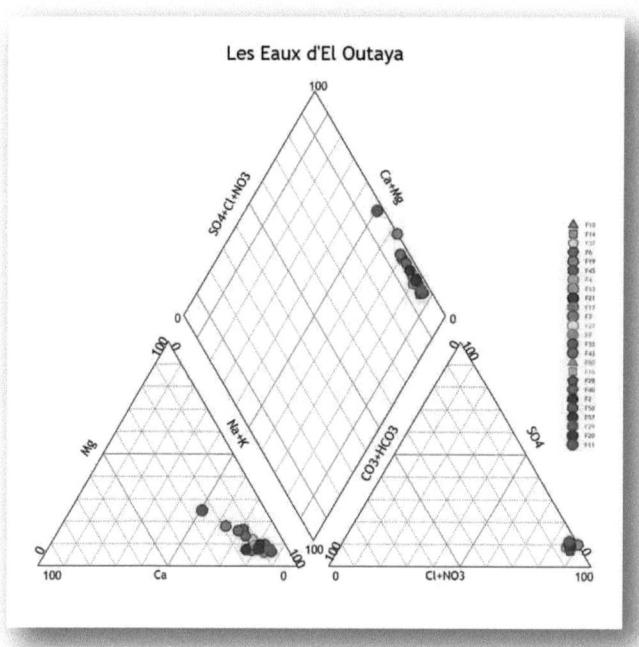

fig.59 : Projection sur le diagramme de Piper des eaux de la plaine d'El Outaya (octobre 2008)

5.4. CONCLUSION

En conclusion à cet aperçu des caractéristiques géochimiques des eaux de la plaine d'El Outaya, nous noterons que :

En parallèle à la nature géologique des terrains qui est responsable en grande partie des variations de la composition chimique des eaux, l'action de l'évaporation dans ces zones arides est particulièrement nette sur la composition chimique des eaux.

En effet, par évaporation, la concentration des chlorures et des sulfates et par là le résidu sec de l'eau contenue dans la couche superficielle du sol, augmente. Cette eau plus ou moins renouvelée des profondeurs à la surface par capillarité, amène une véritable ascension des sels. L'importance des phénomènes d'évaporation est d'autant plus grande que la profondeur de la nappe est faible et les conditions climatiques sévères.

DEUXIEME PARTIE
LA REALIMENTATION DES NAPPES EN ZONE ARIDE

1. PROBLEMATIQUE

Dans les zones arides où les précipitations ne dépassent guère les 200mm, et devant la quasi inexistence de ressources hydriques superficielles, l'exploitation des eaux souterraines reste le seul moyen pour parvenir à la satisfaction des divers besoins (AEP, agriculture, industrie...).

Parallèlement à ces conditions naturelles défavorables, le développement des activités industrielles et agricoles et l'extension des périmètres irrigués en particulier, n'ont pas été sans conséquences sur l'environnement en général et sur la ressource en eau plus particulièrement. En effet, nous avons assisté à l'implantation de zones urbaines de plus en plus importantes accompagnées de zones industrielles et un développement accru de l'activité agricole. Ceci a été à la base d'une dégradation de la ressource en eau tant sur le plan quantitatif que sur celui de la qualité. Le cas de la région de Biskra est révélateur de cette situation et les rabattements des niveaux piézométriques des différents aquifères de la région (Larbes, 2005) ne font que conforter l'ampleur de cette dégradation.

Face à cette situation, établir une évaluation et asseoir une gestion optimale des ressources en eaux dans ces zones est devenu indispensable et afin d'y parvenir, les gestionnaires de l'eau ont besoin d'informations très précises sur les conditions de réalimentation et d'exploitation au niveau de chaque bassin hydrogéologique. Nous devons en particulier répondre aux questions suivantes :

* Quelles sont les réserves des nappes à exploiter ?
* Comment et à quel taux ces nappes se rechargent-elles ?

Le taux d'infiltration de l'eau vers les nappes aquifères est d'un intérêt particulier dans toute étude de quantification et de gestion. Comprendre la nature du mouvement de l'eau vers et dans les aquifères et sa quantification est essentielle pour résoudre une variété de problèmes (recharge des nappes aquifères, contrôle de l'érosion et du transport de sédiment, prévision des inondations; estimation de disponibilité de l'eau pour les plantes; etc....)

Dans cette seconde partie de notre travail, il est proposé une réflexion sur cette thématique.

Les principales méthodes d'estimation de la recharge et les difficultés qu'elles sont susceptibles de rencontrer sont énumérées. Nous exposerons ensuite les grandes lignes de l'approche proposée. Cette méthodologie sera ensuite appliquée à l'aquifère de la plaine d'El Outaya

1.1. DESCRIPTION PHYSIQUE DE LA RECHARGE

La recharge (ou bien l'infiltration sensu lato) se décompose en deux processus successifs : l'eau d'infiltration remplit en premier lieu les interstices du sol en surface et pénètre par la suite dans le sol sous l'action de la gravité et des forces de succion pour arriver à la nappe.

* *Infiltration*

L'infiltration sensu stricto qualifie le transfert de l'eau à travers les couches superficielles du sol, lorsque celui-ci reçoit une averse ou s'il est exposé à une submersion. Afin d'appréhender le processus d'infiltration, on peut définir :

- Le régime d'infiltration $i(t)$, nommé aussi taux d'infiltration, qui désigne le flux d'eau pénétrant dans le sol en surface. Il est généralement exprimé en mm/h. Le régime d'infiltration dépend avant tout du régime d'alimentation (pluie, irrigation), de l'état d'humidité et des propriétés du sol.
- L'infiltration cumulative, notée $I(t)$, est le volume total d'eau infiltrée pendant une période donnée. Elle est égale à l'intégrale dans le temps du régime d'infiltration
- Le paramètre essentiel de l'infiltration est la conductivité hydraulique à saturation K_s. Il représente la valeur limite du taux d'infiltration si le sol est saturé et homogène. Ce paramètre intervient dans de nombreuses équations pour le calcul de l'infiltration.
- La capacité d'absorption (ou encore infiltrabilité) représente le flux d'eau maximal que le sol est capable d'absorber à travers sa surface, lorsqu'il reçoit une pluie efficace ou s'il est recouvert d'eau. Elle dépend, par le biais de la conductivité hydraulique, de la texture et de la structure du sol, mais également des conditions aux limites, c'est à dire, la teneur en eau initiale du profil et la teneur en eau imposée en surface.
- La quantité de pluie qui ruisselle strictement sur la surface du terrain lors d'une averse représente la pluie nette. La pluie nette est déduite de la pluie totale, diminuée des fractions interceptées par la végétation et stockée dans les dépressions du terrain. La séparation entre la pluie infiltrée et la pluie écoulée en surface s'appelle *fonction de production*

* *Percolation*

Ce processus suit l'infiltration et conditionne directement l'alimentation en eau des nappes souterraines. Il correspond à un écoulement plutôt vertical de l'eau dans le sol (milieu poreux non saturé) en direction de la nappe, sous la seule influence de la gravité et des forces de succion.

2. METHODES D'ESTIMATION DE LA RECHARGE

2.1. REVUE BIBLIOGRAPHIQUE

Dans les traités sur les lois d'écoulement à surface libre, l'infiltration et l'écoulement souterrain ont été présentés séparément par plusieurs auteurs.

Parmi les chercheurs qui ont porté une attention particulière aux écoulements à surface libre sans tenir compte, ni de l'infiltration, ni de l'écoulement souterrain, citons: Chow (1959), Leendertse (1967), Connor et Wang (I974), Gray (1977), Robert (1984) et plus particulièrement

pour le phénomène du ruissellement, nous citons Kibler (1968), Judah (1973), Taylor (1976), Baxter (1988), Baxter et al. (1990), Blandford et Meadows (1990), Hamdi et Robert (1996).

L'écoulement à surface libre tenant compte de l'infiltration a été étudié initialement par Henderson et Wooding (1964), mais une étude basée sur des approches physiques avec des vérifications expérimentales a été fournie par Smith et Woolhiser (1971). Ils ont utilisé un modèle unidimensionnel vertical de l'écoulement non saturé couplé à un modèle unidimensionnel d'écoulement à surface libre. L'approche adoptée par ces auteurs n'est pas toujours applicable à la modélisation dans un milieu naturel où les propriétés physiques et hydrologiques varient considérablement dans l'espace et dans le temps et dont les frontières présentent des configurations géométriques complexes.

D'autres chercheurs ne se sont intéressés qu'au phénomène complexe de l'infiltration. Parmi eux nous retrouvons Green et Ampt (1911), Kostiakov (1932), Horton (1933), Philip (1957), Holton (1961), Hanks et Bowers (1962), Kibler (1968), Burman (1969).

Il existe plusieurs modèles souvent utilisés pour simuler le volume d'eau s'infiltrant. Les plus connus sont les équations empiriques de Kostiakov et Horton qui sont caractérisées par leur simplicité et leur capacité de reproduire le phénomène de l'infiltration pour des cas très particuliers. Les deux modèles contiennent des paramètres difficiles à prédire parce qu'ils n'ont aucune signification physique.

Une formule empirique plus récente est celle de Holton, qui n'a pas exprimé la capacité d'infiltration en fonction du temps, mais plutôt en fonction du volume des pores. L'utilisation d'un modèle de ce type ne permet pas de simuler la distribution du taux d'infiltration dans l'espace et dans le temps.

Pour un sol homogène et pour des conditions de faible accumulation d'eau en surface, Philip (1957) a développé son modèle d'infiltration qui contient des paramètres ayant une signification physique mais malheureusement, ils sont difficiles à prédire et leurs valeurs ne peuvent être obtenues que par calibrage et ajustement. La limitation majeure de tous ces modèles est l'utilisation de l'hypothèse de hauteur d'eau accumulée à la surface négligeable. Un modèle simple a été proposé par Green et Ampt en 1911 ; il est basé sur des lois physiques et des lois de comportement connues et faciles à utiliser.

Nous trouvons également, dans la littérature, plusieurs ouvrages traitant les écoulements dans les milieux poreux sans faire aucun lien avec l'écoulement à surface libre et dans la zone non saturée du sol. Parmi les chercheurs qui ont abordé ce problème, nous citerons Hantush (1960), Harr (1962), De Wiest (1965), Davis (1 966), Walton (1970), Bear (1972,1979).

La recharge : un paramètre difficile à estimer

L'évaluation de la recharge des nappes d'eau souterraine est sans aucun doute l'un des paramètres les plus pertinents mais aussi le plus difficile à estimer et diverses approches ont été envisagées (Sophocleous, 2004). Celles-ci peuvent être classées en :

2.2. METHODES CLIMATIQUES ET HYDRODYNAMIQUES

2.2.1. METHODE DU BILAN HYDROLOGIQUE

Cette méthode évalue la recharge par simple différence entre termes du bilan hydrique (Rodier et Ribstein, 1988 ; FAO, 1996). Il s'agit de la méthode la plus utilisée, elle consiste à mesurer précisément l'évapotranspiration réelle et la précipitation sur des stations hydrométriques ; la recharge est calculée à partir de l'équation de bilan hydrologique. Soit :

$$P = ETR + R + I \mp \Delta S$$

Avec : P = pluviométrie de la période considérée,
R = ruissellement,
I = infiltration,
ETR = évapotranspiration réelle
ΔS = variation des réserves

Le schéma conceptuel du bilan hydrologique (fig.60) suppose que la zone non saturée est divisée en deux parties :

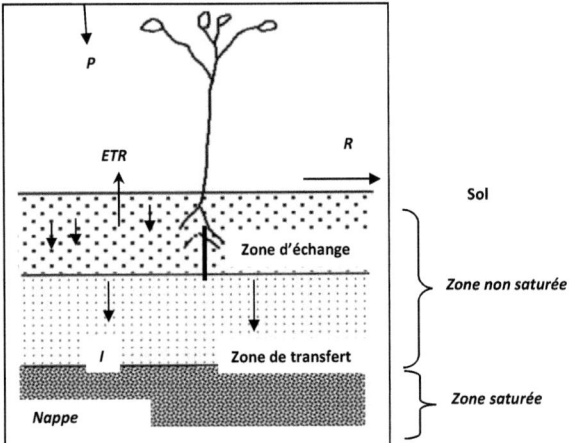

fig.60 : Schéma conceptuel du bilan hydrologique.

- Une zone d'échange (sol - plantes - atmosphère), d'épaisseur relativement faible (généralement moins d'un mètre) et d'humidité très variable ;
- Une zone de transfert, d'humidité peu variable et au moins égale à celle correspondante à la capacité au champ.

Dans le fonctionnement de ce système, la pluie P satisfait préférentiellement les besoins suivants :

- L'évapotranspiration ;
- La reconstitution de l'humidité de la zone d'échange jusqu'à la capacité au champ. Le volume d'eau correspondant appelé réserve utile du sol (RU) doit satisfaire l'évaporation en période de non apport.

Après satisfaction de ces deux premiers besoins, l'excédent éventuel d'apport constitue :

- L'infiltration qui traverse la zone de transfert pour attendre la nappe ;
- Le ruissellement de surface.

Lorsqu'il existe des mesures de ruissellement, l'infiltration peut se déterminer directement, sinon la pluie efficace ($P_{eff} = I + R$) est prise comme étant un indicateur significatif de la recharge. L'infiltration est alors égale à un pourcentage de la pluie efficace. Ce pourcentage est variable et fonction de la lithologie, de la morphologie de bassin, de la profondeur de la surface piézométrique, de la couverture végétale...

Cette approche peut donner une estimation de la recharge, mais elle pose un certain nombre de problèmes, en particulier la prise en compte de l'évaporation. En effet, le principal problème est le calcul de l'ETR. Celle-ci, demeure souvent inconnue, et reste souvent la valeur à déduire par soustraction à partir de l'équation de bilan. Le problème est que, il y a à la fois des erreurs de mesure sur la pluie et les débits, des incertitudes sur la surface du bassin versant, et des difficultés d'estimation des réserves...

Si cette méthode des bilans hydrologiques demeure en tout état de cause la seule méthode de référence possible, à l'échelle du bassin, pour connaître l'évapotranspiration réelle, il ne faut pas pour autant en sous-estimer les faiblesses. Celles-ci sont particulièrement importantes en cas de comparaison du fonctionnement hydrologique de bassins versants différents ou de même bassin versant en période sèche et le choix de la réserve en eau du sol. Ces valeurs dépendent de la nature du sol et de l'épaisseur de la zone d'échange considérée.

Enfin, rappelons aussi qu'en régions arides, et en raison des pertes de transmission et de la variabilité spatiale des précipitations, ces méthodes ne permettent pas de quantifier la part des pluies efficaces réellement infiltrées et la part des pluies efficaces transformées en écoulements de surface et ne peuvent être contrôlées in situ.

2.2.2. *Fluctuation du niveau piezometrique*

Lorsque les paramètres hydrodynamiques de la nappe, en particulier le coefficient d'emmagasinement, sont bien connus, la valeur la plus vraisemblable de la recharge est celle qui permet de restituer avec une bonne fiabilité les variations consécutives du niveau de la nappe. Cette restitution se fait avec des modèles simples : pluie – infiltration - niveau piézométrique.

A priori, une telle approche devrait aboutir à des résultats satisfaisants. Malheureusement, le coefficient d'emmagasinement est connu avec peu de précision. En effet, ce coefficient est mesuré par des essais de pompage. La nappe est alors sollicitée en un temps limité (quelques heures). Au contraire, l'alimentation d'une nappe par infiltration est un phénomène diffus de longue durée (quelques mois).

Ainsi, le calage de la recharge devient en même temps un calage des coefficients d'emmagasinement, ce qui se traduit par une non-unicité de la solution. La valeur de la recharge trouvée peut être alors sujette à discussion. Il faut aussi ajouter que des variations de niveau peuvent résulter de phénomènes autres que la recharge.

2.3. LES METHODES EXPERIMENTALES

2.3.1. MÉTHODES DIRECTES

Ces méthodes consistent à estimer l'infiltration en utilisant des appareils de mesure in situ sous charge constante. Ces appareils sont des infiltromètres utilisés pour mesurer le coefficient de perméabilité à saturation du sol (détermination ponctuelle, *in situ*, de la perméabilité verticale du sol).

* *Infiltromètres de Müntz :*

L'appareil est enfoncé de quelques centimètres dans le sol et soumis à une charge constante (variable dans certains cas). Nous distinguons deux types : infiltromètre à simple anneau et infiltromètre à double anneaux (fig.61). Dans les deux cas, le principe est de suivre l'évolution du niveau d'eau en fonction du temps. Nous pouvons alors supposer l'infiltration verticale. Au bout d'un certain temps un régime permanent s'installe et la vitesse d'infiltration devient constante. C'est de la valeur de cette vitesse que l'on déduit la valeur du coefficient de perméabilité en utilisant la loi de Darcy.

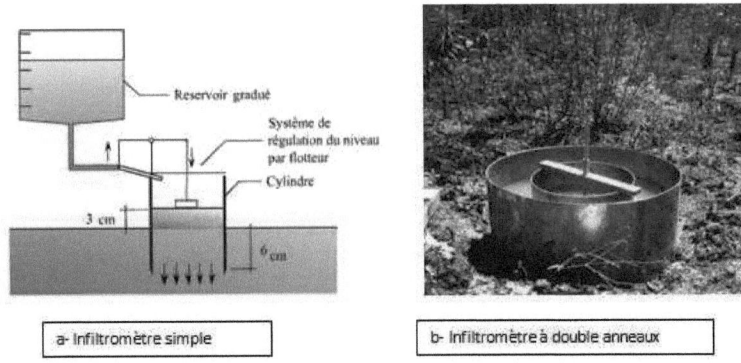

fig.61 : Infiltromètres de Müntz

* Infiltromètre sous tension à disque :

Le contact avec le sol est assuré par une plaque poreuse ; la charge d'eau appliquée est négative et le mode de fonctionnement est le même que celui de Müntz. La mesure porte sur le débit stabilisé à différentes valeurs de la charge ou pour différents diamètres d'infiltromètres (fig.62).

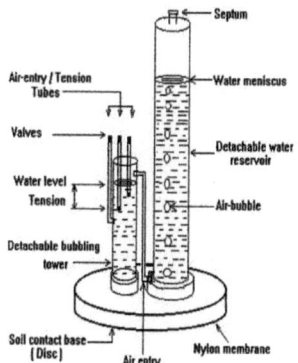

fig.62 : Infiltromètre sous tension à disque

* <u>Infiltromètre sous pression:</u>

L'appareil (fig.63) est enfoncé de quelques centimètres dans le sol, la charge appliquée étant positive.

La mesure porte sur le débit stabilisé à différentes valeurs de la charge ou pour différents diamètres d'infiltromètres pour identifier les deux paramètres K_s et ϕ_m.

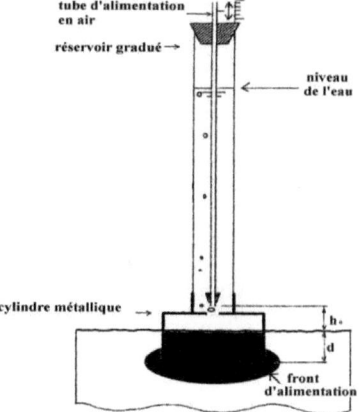

fig.63 : Infiltromètre sous pression

Les mesures in situ par infiltromètres ne reflètent pas l'infiltration réelle du terrain car elles correspondent à des valeurs ponctuelles, interpolées sur l'ensemble de la surface. En outre, la mesure ne porte que sur les sols superficiels ; et, dans le protocole de mesure, l'appareil est enfoncé de quelques centimètres dans le sol et le terrain est défriché, de ce fait on élimine l'impact des facteurs pouvant influencer l'infiltration, tels que la surface du sol et celle de la couverture végétale.

2.3.2. Méthodes et modèles a base physique

Les méthodes physiques consistent à suivre, en continu, l'état d'humidité et de pression dans le sol. Elles permettent de quantifier les flux d'infiltration effectifs des premiers mètres du sol vers la nappe, dans la zone non saturée située au-dessus de la nappe. De telles méthodes présentent l'inconvénient d'être d'application très locale (à l'échelle du m^2) et de nécessiter, aussi, une instrumentation et un suivi très lourds (profils fréquents à la sonde à neutrons, relevés et entretien d'une batterie de tensiomètres). Elles ne se prêtent pas non plus à une analyse sur des sites multiples éloignés les uns des autres (Filippi, Milville & Thiery, 1990).

Les modèles physiques décrivent d'une manière simplifiée le mouvement de l'eau dans le sol, en particulier au niveau du front d'humidification et en fonction de certains paramètres physiques. Parmi les modèles physiques, les deux suivants sont les plus connus :

* Le modèle de Philip :

L'équation de Philip (1957) est basée sur la dérivée de l'équation du profil d'humidification qui est une série de fonctions puissances. Cette solution montre que pour les premiers temps d'infiltration, la propagation de la teneur en eau est proportionnelle à la racine carrée du temps alors que pour des temps élevés, la propagation se fait à régime constant.

L'approximation de Philip pour des temps d'infiltration importants est la suivante :

$$I = S\sqrt{t} + At,$$

la forme dérivée par rapport au temps est $\quad v = \dfrac{dI}{dt} = \dfrac{1}{2}\dfrac{S}{\sqrt{t}} + A$

où : A est un paramètre ayant les dimensions d'une vitesse et I l'infiltration cumulée. S est défini comme étant la sorptivité. S décrit l'influence de la succion et de la conductivité dans le processus d'écoulement.

Ce modèle est utilisé pour un sol homogène et pour des conditions de faible accumulation d'eau en surface

* Le modèle de Green et Ampt

Le modèle de Green et Ampt (1911) est basé sur la présence d'un front d'humidification où règne à tout instant une succion donnée. Le sol est supposé homogène et de perméabilité constante. Cette hypothèse où le sol est séparé en deux zones distinctes implique une discontinuité dans la relation entre la teneur en eau et la perméabilité.

L'application de la loi de Darcy permet d'écrire :

$$v = \dfrac{dI}{dt} = +K\dfrac{h_0 - h_f + Z_f}{Z_f}$$

où : *v* est la vitesse d'infiltration dans le sol à travers la zone de transmission
I le taux d'infiltration cumulé
K la perméabilité de la zone de transmission
h0 la charge hydraulique appliquée à la surface d'entrée
hf la charge hydraulique au niveau du front d'infiltration
Zf l'épaisseur de la zone de transmission ;

Puisque la zone uniformément mouillée est supposée s'étendre jusqu'au front d'humidification, il s'ensuit que l'infiltration cumulée I sera :

$$I = Z_f(\theta_s - \theta_i) = Z_f \Delta\theta$$

θ_s et θ_i étant respectivement la teneur en eau volumique initiale et la teneur en eau volumique à saturation du milieu. Nous aurons donc :

$$K \frac{h_0 - h_f + Z_f}{Z_f} = \Delta\theta \frac{dZ_f}{dt}$$

Les relations de Green et Ampt sont essentiellement empiriques et nécessitent la connaissance de la succion h_f. Pour l'infiltration dans un sol initialement sec, la succion au niveau du front d'humidification est de l'ordre de 1 mètre (Hillel. 1984). En revanche, dans des terrains naturels non homogènes, il est pratiquement impossible de donner une valeur de succion réaliste. D'autre part, l'hypothèse de transmission de la teneur en eau par un mode piston est peu cohérente dans la pratique en raison de l'air qui reste piégé durant l'infiltration. Cette méthode peut néanmoins constituer une première approximation mais doit être utilisée avec réserve.

* *Formules analytiques*

Les relations empiriques expriment une décroissance de l'infiltration en fonction du temps à partir d'une valeur initiale (soit exponentiellement, soit comme une fonction quadratique du temps) qui tend vers une valeur limite, en général K_s mais pouvant être proche de zéro. Citons à titre d'exemple trois formules empiriques :

La formule de Horton :

Le modèle de Horton présente la situation lorsque l'intensité des précipitations est supérieure à la conductivité hydraulique saturée. Ceci provoque, dés le début des précipitations, une saturation du sol en eau, une accumulation d'eau à la surface et du ruissellement.

Selon Horton, la variation du taux d'infiltration en fonction de temps peut être représentée par une équation de la forme :

$$I(t) = i_f + (i_0 - i_f) * e^{-\gamma t}$$

avec : *I(t)* = capacité d'infiltration au temps t [mm/h],

i_0 = capacité d'infiltration initiale dépendant surtout du type de sol [mm/h],
i_f = capacité d'infiltration finale [mm/h],
t = temps écoulé depuis le début de l'averse [h],
γ = constante empirique, fonction de la nature du sol [min^{-1}].

L'utilisation de ce type d'équation, quoique répandue, reste limitée, car la détermination des paramètres i_0, i_f, et γ présente certaines difficultés pratiques.

La courbe d'infiltration commence avec une valeur maximale i_0 au début de l'averse, elle décroît ensuite exponentiellement, pour atteindre une valeur constante i_f, γ est une constante positive.

Ce comportement résulte du fait que la capacité d'infiltration en eau est plus grande lorsque l'intervalle saturé en eau est moins épais. Ce comportement reflète une diminution de la charge hydraulique avec la profondeur du front d'infiltration, et donc avec le temps. En effet, la charge de pression en surface h$_{ps}$ dépend de l'épaisseur de l'accumulation d'eau, tandis qu'au front d'infiltration h$_{pf}$ est à peu près nulle puisque l'eau est près de la pression atmosphérique (un certain ruissellement de surface existait déjà comme écoulement souterrain qui fait résurgence).

Ces relations montrent que lorsque la profondeur du front augmente, le gradient hydraulique diminue aussi en réduisant donc la capacité d'infiltration.

Kirkby (1969) a montré que le ruissellement de surface hortonien apparaît instantanément sur un petit bassin et dont l'humidité du sol, l'interception, le stockage dans les dépressions et les conditions d'infiltration sont homogènes. Bien que le modèle de Horton s'adapte bien aux conditions de sol mince où la végétation est éparpillée (zones aride et semi-aride), il n'est pas valable dans les zones humides en présence de couvert végétal plus ou moins uniforme. Cependant, le calcul du ruissellement de surface à partir de l'intensité de la pluie et du taux d'infiltration par le biais de ce modèle n'est valable que pour les petits bassins où le temps de transit peut être ignoré virtuellement.

La formule de l'Institut d'Aménagement des Terres et des Eaux de l'EPFL

La relation est légèrement différente de celle de Horton (seulement deux paramètres), elle est du type :

$$I(t) = i_f + a * e^{-bt}$$

avec
$i(t)$: capacité d'infiltration au temps t [mm/h]
i_f : capacité d'infiltration finale [mm/h]
a et b : coefficients d'ajustement.

Cette relation a l'avantage de permettre la recherche de relations fonctionnelles, d'une part entre la capacité limite (ou finale) d'infiltration et la texture du sol, d'autre part entre le paramètre a et l'humidité volumique. On lève ainsi l'indétermination sur certains paramètres par l'intervention de caractéristiques objectives.

L'équation de Kostiakov

Kostiakov (1932) a proposé l'équation suivante pour estimer l'infiltration :

$$I(t) = i_0 * t^{-\alpha}$$

I est le taux d'infiltration au temps *t*, et i_0 (*i* > 0) et α (0 <α <1) sont des constantes empiriques.

En intégrant cette équation de 0 à t, on obtient l'expression de l'infiltration cumulative : $I(f) = (i_0 / 1 - \alpha) \cdot t^{1-\alpha}$

Les constantes i_0 et α peuvent être déterminées par la courbe expérimentale établie à partir des données de l'infiltration cumulative *I (t)*.

Si on considère que t→∞ alors le taux d'infiltration *I(t)* serait nul, Kostiakov a donc proposé que les équations (1) et (2) soient utilisées uniquement pour t <t_{max} (t_{max} = (i_0 / K_s)$^{1/\alpha}$, et K_s est la conductivité hydraulique saturée du sol.)

L'équation de Kostiakov décrit tout à fait bien l'infiltration à plus petits temps, mais devient moins exacte à des temps plus grands (Philip 1957, Parlange et Haverkamp 1989).

2.3.3. MÉTHODE GÉOCHIMIQUE ET ISOTOPIQUE

La méthode géochimique basée sur l'utilisation du bilan des chlorures (Cl^-) et la méthode isotopique qui exploite les rapports des teneurs en tritium (^3H) des eaux des nappes, comparés à ceux des précipitations, fournissent des résultats intéressants quant à l'estimation de l'infiltration efficace en zones arides (Guendouz & Moulla, 2006). Toutefois, de nombreux travaux indiquent que ces approches ne sont pas sans biais, parce que dans certains cas des écoulements préférentiels contribuent pour plus de 90% au total de la recharge estimée. Les résultats fournis par les traceurs (Cl^-, ^3H) doivent par conséquent être interprétés avec précaution dans les régions où existe un écoulement multimodal dans la zone d'infiltration. De plus, l'estimation précise de l'apport total en chlorure est essentielle et le tritium peut être influencé par le transport de vapeur pour des flux faibles. En outre, les conditions paléo-climatiques et paléo-hydrologiques peuvent introduire des désaccords entre les processus actuels mesurés et les moyennes calculées sur le long terme (De Vries & Simmers, 2002).

2.4. CONCLUSION ET CRITIQUES

Les mesures in situ par infiltromètres ne reflètent pas l'infiltration réelle du terrain car elles correspondent à des valeurs ponctuelles, interpolées sur l'ensemble de la surface. En outre, la mesure ne porte que sur les sols agricoles superficiels ; et, dans le protocole de mesure, l'appareil est enfoncé de quelques centimètres dans le sol et le terrain est défriché, de ce fait on élimine l'impact des facteurs pouvant influencer l'infiltration, tels que la surface du sol et celle de la couverture végétale...

Les méthodes expérimentales décrites précédemment sont habituellement sous forme d'équations simples, mais ces dernières fournissent seulement des évaluations d'infiltration cumulative et un taux d'infiltration, et ne fournissent pas d'informations concernant la distribution des eaux en surface (puisque la plupart sont dérivées d'après une eau constante répartie en surface). D'autre part la réalisation se ces modèles nécessite l'exécution d'un certains nombres d'expériences en laboratoire ce qui va engendrer des lacunes dans l'appréciation du paramètre infiltration sur le terrain, car plusieurs paramètres sont ignorés et cela pour toutes les formules vues antérieurement. Sans oublier la difficulté de déterminer les différents paramètres constituant ces équations sur le terrain.

L'approche analytique adoptée n'est pas toujours applicable à la modélisation dans un milieu naturel où la variation spatio-temporelle des propriétés physiques est importante.

Il reste que même si le phénomène de recharge naturelle des eaux souterraines a fait l'objet de plusieurs travaux de recherche, les objectifs étaient plutôt orientés sur la compréhension des mécanismes d'échange de masse entre les eaux de surface et les eaux souterraines. Une valeur constante de la recharge était imposée sans tenir compte de la variation spatio-temporelle du taux d'infiltration qui dépend de plusieurs phénomènes ,et paramètres physiques, plus ou moins difficile à mesurer ou à calculer, tel que : la conductivité hydraulique saturée, l'humidité initiale du sol, la nature de la surface du sol, l'intensité des précipitations, le phénomène de ruissellement, la compaction de la surface du sol, la topographie et la morphologie, le débit d'alimentation, ainsi que la couverture du sol .

3. METHODOLOGIE D'ANALYSE

Malgré les nombreuses études et les différentes approches utilisées, Il appert que la détermination des flux de recharge en régions arides reste pleine d'incertitudes. Ceci met en relief la nécessité d'appliquer des techniques multiples pour accroître la validité des estimations de la recharge.

La réflexion que nous avons entamée dans le cadre de ce travail, constitue une proposition d'analyse spatiale pour améliorer l'estimation et fournir des évaluations de la recharge potentielle. Elle repose sur la définition des paramètres régissant l'infiltration, leurs degrés d'influence et les relations éventuelles qui existent entre eux. Chaque facteur étant étudié indépendamment, et au final, tous les paramètres seront intégrés et compilés pour aboutir à une carte-synthèse de la recharge potentielle ; ceci, à partir du traitement des cartes topographiques, géologiques, pédologiques et l'analyse des données brutes sur les ressources en eau et en sol dans la région d'étude.

En plus de leurs diverses caractéristiques (nature, valeur, aspect), tous les paramètres étudiés présentent une composante spatiale, de ce fait, l'information véhiculée par ces paramètres peut être stockée, analysée et visualisée à l'aide d'un Système d'Information Géographique que nous avons tenté d'optimiser et d'orienter vers la cartographie de la recharge.

3.1. LES PRINCIPAUX FACTEURS INFLUENÇANT LA RECHARGE

3.1.1. LE COUVERT VEGETAL ET L'OCCUPATION DU SOL

En ralentissant l'écoulement à la surface du sol, la végétation permet à l'eau de s'infiltrer. Par ailleurs, le système radiculaire améliore la perméabilité du sol. Enfin, le feuillage protège le sol de l'impact de la pluie et diminue par conséquent le phénomène de battance. La couverture végétale permet aussi le confinement de l'eau au-dessous de la zone couverte, diminuant ainsi le taux d'évaporation directe, en plus de l'augmentation de la capacité de fixation des terrains en place, diminuant par voie de conséquence d'éventuelles érosions.

3.1.2. LA LITHOLOGIE

Le caractère lithologique des roches exposées et des terrains superficiels est déterminant car il gouverne le processus d'infiltration et celui de l'évaporation, donc celui de la recharge des aquifères. En effet, le cheminement des eaux de la surface vers les profondeurs découle de la porosité, de la perméabilité, de la compaction et de la nature du ciment entre les grains des roches en surface, donc de la connaissance du caractère lithologique.

Il est à noter que la fracturation constitue l'élément principal qui gouverne la recharge dans les milieux discontinus.

Le tableau n° 15 qui suit expose la relation étroite entre la lithologie et l'infiltration en fonction du temps (d'après des études expérimentales).

LITHOLOGIE	INFILTRATION INITIALE I_0 (mm)	INFILTRATION FINALE I_f (mm)
Sable, Silt	250	12-8
Limon sableux	200	8-4
Limon argileux	130	4-1
Argile, sols salins	75	1-0

Tableau n°15 : Valeurs indicatives des capacités initiales et finales d'infiltration en fonction du type de sol. (MUSGRAVE, 1955).

3.1.3. Reseau hydrographique

La forme ainsi que la densité du réseau hydrographique permettent de tirer des conclusions importantes quant au ruissellement et à l'infiltration des eaux. Néanmoins, il faudrait être prudent dans l'interprétation car si une faible infiltration implique généralement un réseau hydrographique complexe et développé, l'inverse n'est pas toujours vérifié.

3.1.4. Le type de sol (structure, texture, porosite)

Les caractéristiques de la matrice du sol influencent les forces de capillarité et d'adsorption dont résultent les forces de succion, qui elles-mêmes, régissent en partie l'infiltration. De plus, La compaction de la surface du sol due à l'impact des gouttes de pluie (battance) ou à d'autres effets (thermiques et anthropiques) peut avoir pour conséquence la dégradation de la structure de la couche de surface du sol et la formation d'une croûte dense et imperméable à une certaine profondeur.

3.1.5. Topographie et morphologie (Pente) :

La pente agit à l'opposé de la végétation. En effet, une forte pente favorise les écoulements au dépend de l'infiltration. L'analyse des expériences, faite par quelques chercheurs au cours des dernières années *(Hamdi.Y, 2001)*, nous permet de retenir les remarques suivantes :

-Le taux d'infiltration diminue si la pente de la surface du sol augmente.
-Le taux d'infiltration augmente si la rugosité de la surface du sol augmente.

Le facteur longueur de pente intervient également sur le volume ruisselé et l'infiltration (même si théoriquement, ces volumes en pourcentage restent constants le long de la pente).

D'autres facteurs, non moins importants influencent la recharge, il s'agit du débit d'alimentation (intensité des précipitations) et la teneur en eau initiale du sol.

Le schéma suivant (fig.64) résume les principaux facteurs ainsi que leur type d'effet sur l'infiltration

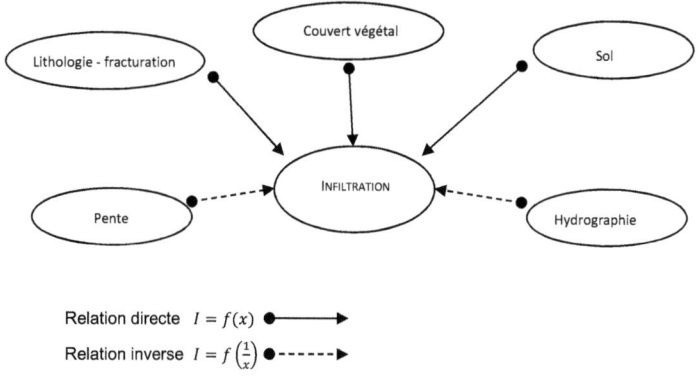

Fig.64 : Principaux facteurs et leur relation avec l'infiltration

3.2. METHODE ADOPTEE

La méthode consiste à croiser les informations spatiales relatives aux différents facteurs régissant la recharge des aquifères. Ceux-ci sont d'abord étudiés séparément et relativement appréciés. Une classification est ainsi définie pour chacun d'eux et une cote (allant de 1 à 10) sera affectée à chaque classe. Une carte thématique est alors établie pour chaque paramètre.

Par la suite, le rôle de chacun de ces paramètres dans l'infiltration est pondéré, évalué et exprimé sous le terme d' «indice d'infiltration» ainsi que son taux de contribution.

«L'indice d'infiltration» est une valeur numérique égale à la cote affectée d'un coefficient de pondération (poids) exprimant l'importance de l'effet exercé par rapport aux autres paramètres. La détermination des poids repose sur l'analyse des effets relationnels inter-paramètres : un point (1pt) est attribué pour chaque effet majeur, et un demi-point (0.5 pt) pour chaque effet mineur. Le poids de chaque facteur sera alors égal à la somme des effets qu'il exerce sur les autres (Shaban et al, 2001).

Le taux de contribution de chaque facteur dans la recharge potentielle correspondra alors au rapport (en%) de son indice d'infiltration sur la somme des indices de tous les facteurs.

Enfin, en procédant à la sommation de tous les indices pour une zone donnée, on obtient une valeur qui traduit l'importance relative de la recharge dans la dite zone. Le «potentiel de recharge» dans une zone donnée correspond donc à la résultante des indices de tous les paramètres pris en compte. L'implémentation sur un SIG (superposition des cartes thématiques des paramètres) permettra alors d'établir une carte synthèse sur laquelle seront circonscrites les zones de recharge potentielle.

Nous présenterons dans ce qui suit l'application de cette méthodologie aux données de la plaine d'El Outaya et reprendrons dans le détail les différentes étapes citées.

3.3. CARTOGRAPHIE DES PARAMETRES REGISSANT LA RECHARGE

Tel que cité précédemment, les facteurs influençant la recharge seront étudiés indépendamment les uns des autres et par la suite, intégrés et compilés selon la méthodologie définie pour obtenir la carte des zones de recharge potentielle (fig.65).

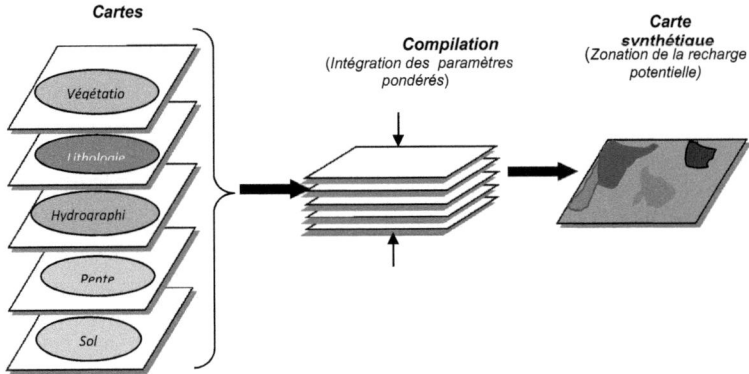

Fig.65 : Schéma explicatif de la procédure d'établissement de la carte synthèse

3.3.1. LE COUVERT VEGETAL ET L'OCCUPATION DU SOL (CV & OS)

La consultation de la carte de l'occupation du sol (fig.66) établie par le BNEDER (2005), montre Le secteur étudié est caractérisé par la rareté de végétation forestière en raison de l'absence des sols évolués et la présence des sols halomorphes salins. La végétation est donc limitée à quelques *herbes halophiles* dans les sols salins (par endroits, hyper salés avoisinant les 24.76‰ dans la zone de Selga Saâdoun, d'après des analyses faites en 2002 par la D.S.A. de Biskra), et à des *buissons épineux* comme les parcours *sahariens* qui occupent 28555.7ha, soit 69.8% de la superficie totale de la plaine.

Toutes les terres cultivables se situent de part et d'autre des rives de l'Oued El Hai et Oued Branis, là les terrains sont meilleurs et la salinité des terres est moindre, en plus de la disponibilité des eaux douces pour l'irrigation.

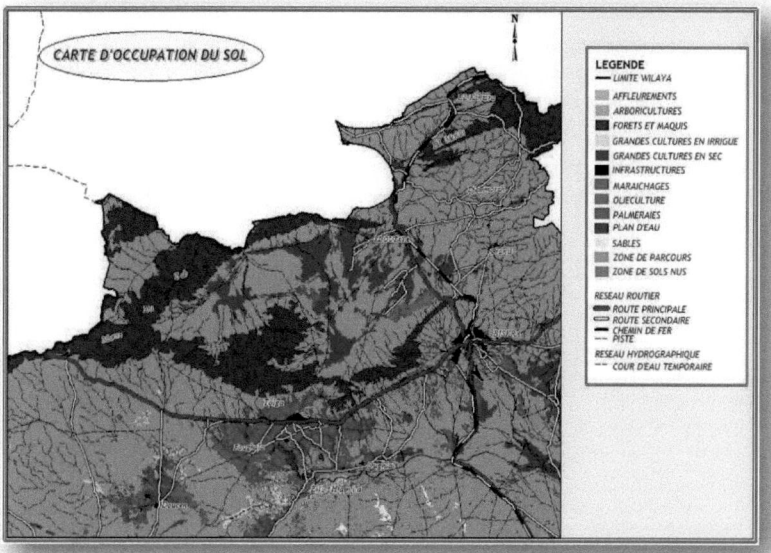

fig.66 : Carte d'occupation du sol de la région de Biskra et El-Outaya (d'après BNEDER, 2005)

La répartition de la végétation se fait suivant deux paramètres :
- la salinité des terres et des eaux (qui est de l'ordre 4-10 ‰) ;
- La nature lithologique des sols et l'activité humaine.

Du point de vue agricole, la plaine d'El Outaya renferme quelques 8204.9ha de terrains cultivables, soit 19.4% de la superficie totale, où on retrouve des cultures herbacées (vergers et maraîchages), des cultures annuelles et des terres productives laissées au repos. L'irrigation de ces terres se fait soit par les eaux des forages en place, soit par les eaux du barrage de fontaine des gazelles ou par les eaux de Oued Biskra (Oued El haï).

Les terres improductives occupent 225ha soit 0.55% de la surface totale, représentant les reliefs montagneux et les affleurements rocheux. Ces terrains sont pratiquement désertiques en raison de la salinité élevée (présence d'anhydrite), et leurs dégradations véloces. Mais ces terrains sont d'importance particulière, car en dehors de djebel Mellah au Nord qui est imperméable, une partie de l'infiltration se fait à travers les zones montagneuses (les zones d'alimentation).

Dans cette plaine, les terrains occupés par les agglomérations et les routes représentent une surface de 3922 ha soit 9.48% de la surface totale. Cette catégorie a une infiltration nulle en raison de la compaction très élevée.

☑ *Réalisation de la carte*

L'objectif principal de cette cartographie est d'établir une classification en fonction du type et de l'intensité du couvert végétal. Pour ce faire, nous avons utilisé la carte topographique de la région d'El Outaya, les données de terrains et la carte d'occupation des sols citée auparavant.

Le tableau n° 16 suivant résume la répartition des sols dans la plaine, selon les domaines d'utilisation.

Domaines	Subdivision des domaines	Superficie en (ha)	Somme en (ha)	% des surfaces
Agglomérations et Localités	Terrain urbain	200	3922	9.48
	Domaine public	3722		
Terres agricoles	Culture herbacé	3609.4	8204.8	19.5
	Terre en repos	4021.18		
	culture permanente et plantation	574.38		
Pacages et parcours	-	28555.7	28555.7	69.8
Terres improductives	-	225	225	0.55
Total	-	-	40907.5	100

Tableau n°16 : Répartition des sols dans la plaine d'El Outaya selon les domaines d'utilisations.

L'examen des différentes cartes et données nous permet de définir les types d'occupation de sol suivants :

- Cultures annuelles et parcours
- Erosions et parcours sahariens
- Arboricultures et Badianes
- Lits d'oueds
- Affleurements rocheux dénudés
- Constructions et les localités

Ainsi, quatre (04) grandes classes sont déterminées (tableau n°17), ce qui nous a permis d'établir la carte du paramètre « couvert végétal et occupation du sol » (fig.67):

* *Classe des surfaces de sol où la densité du cv & os est inférieure à 5% :*

Cette classe regroupe les zones occupées par les constructions et localités ainsi que les zones montagneuses. Dans cette classe le couvert végétal est pratiquement absent en raison de la dégradation des terrains et des affleurements rocheux.

* *Classe des surfaces de sol où la densité du cv & os est comprise entre 5% et 10% :*

Elle occupe la plus grande part de la zone d'étude où les terrains sont moins évolués et dégradés, avec une salinité élevée. Cette catégorie renferme une végétation de type buissonnière épineuse (zone de parcours saharien et érosion).

* *Classe des zones présentant une densité comprise entre 10% et 25% :*

De faible à moyenne densité, cette classe regroupe les lits d'oueds, badianes et quelques jardins arboricoles.

* *Classe des zones présentant une densité de 25 à 50% :*

Représentée par les zones à cultures permanentes et arboriculture intense ainsi que par les zones de parcours non sahariens. Ces zones sont caractérisées par une meilleure qualité des terres et par l'abondance d'une ressource hydrique plus ou moins douce. Cette classe représente moins de 10% de la surface totale de la plaine.

Classe		Type de CV&OS	% de densité du CV et OS	% à la surface totale
N°classe	Qualité			
01	Très faible	Constructions et affleurements rocheux	‹ 5%	10%
02	Faible	Parcours sahariens et érosions	5-10%	69%
03	Faible à moyen	Badiane et arboriculture	10-25%	9%
04	Moyen	Cultures annuelles et parcours	25-50%	12%

Tableau n°17 : Récapitulation des différentes classes de Couvert Végétal et Occupation du Sol.

La couverture végétale n'est pas bien développée ni abondante dans la zone d'étude. Nous remarquons néanmoins que l'occupation du sol et la couverture végétale sont fonctions de l'altitude, la lithologie, le réseau hydrographique et de bien d'autres facteurs.

En plus des périmètres irrigués de Mkeinet et Koudiat Djedid, la plupart des cultures permanentes et saisonnières de tous genres se concentrent dans les zones de plaine (S'mala, El Outaya...), par contre les parcours occupent les reliefs, tel que : Douar Branis et Bled Selga Saàdoun. Les zones d'affleurements rocheux sont pratiquement dénudées comme djebel Bou Ghezal, djebel Maghraoua et djebel El Mellah en raison de la qualité des terres.

fig.67 : **CARTE DU PARAMÈTRE "COUVERT VÉGÉTAL & OCCUPATION DU SOL" PLAINE D'EL OUTAYA.**

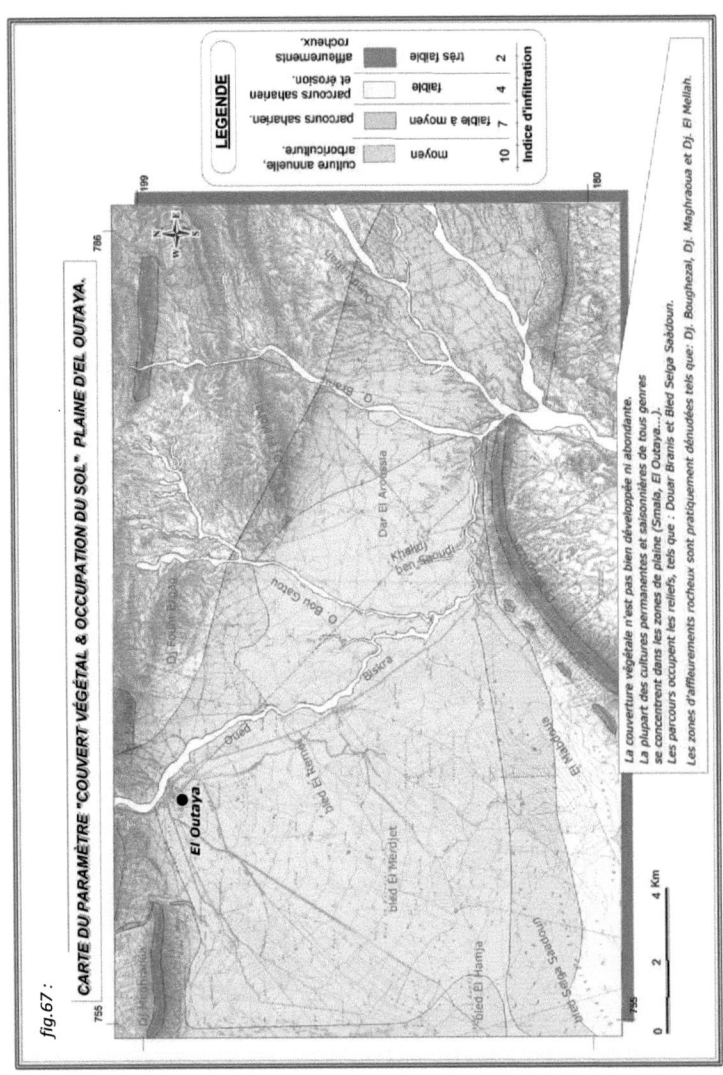

3.3.2. LA LITHOLOGIE

La nature lithologique du sol a pour effet la filtration des eaux dans la subsurface et le contrôle de la capacité de rétention de l'eau. Elle est en relation directe avec l'inclinaison des terrains, et leur distribution dans la zone d'étude ainsi que la nature et l'épaisseur du couvert végétal.

Pour l'élaboration de la carte de ce paramètre (fig.68), nous avons tenté, à partir des cartes géologique, hydrogéologique et agro-pédologique, de regrouper les formations rencontrées dans la zone d'étude en classes ayant les mêmes caractéristiques hydrogéologiques, d'abord qualitativement, en fonction de leur lithologie, ensuite quantitativement, en connaissant leurs valeurs approximatives de l'infiltration initiale et finale telles que proposées par Musgrave, 1955.

Les différentes lithologies rencontrées dans la zone d'étude sont:

* Diapir de sel gemme (très faible perméabilité) ;
* Dolomies bréchoïdes (très faible perméabilité) ;
* grés fins et marnes, calcaires (perméabilité forte) ;
* Dolomies et calcaires massifs, marnes (perméabilité moyenne) ;
* Calcaires massifs fissurés (perméabilité forte) ;
* Marnes rouges à silex (très faible perméabilité) ;
* Conglomérats, grès et marnes rouges (perméabilité forte) ;
* Conglomérats, grès, sables et marnes (perméabilité moyenne) ;
* Cailloutis graviers et sables dans les lits d'oueds (perméabilité moyenne) ;
* Dépôts sableux et argileux des grandes plaines et piedmonts (Perméabilité moyenne) ;
* argiles, marnes rouges et blanches à gypse et anhydrite (très faible perméabilité).

Ainsi définies, et en comparaison avec celles du tableau de MUSGRAVE, ces lithologies ont été regroupées (tableau n°18) en quatre grandes classes suivant la capacité d'infiltration finale.

Classes	Lithologie	Infiltration (mm)	perméabilité
I (Faible)	Diapir de sel gemme Dolomie bréchoides Marne rouge à silex	0-1	Imperméable
II (moyenne à Faible)	Argile et marne à gypse et à anhydrite Marne, marno-calcaires	1-4	Peu perméable
III (Moyenne)	Dolomie et calcaire massif, marne Grès sable et sable, argile, marne à gypse Cailloutis gravier et sable Conglomérat grès sable et marne	4-8	Perméable
IV (Forte)	Conglomérat, grès et marne rouge Calcaire massif fissuré Grès fin et marne, calcaire très fissuré	8-12	Très perméable

Tableau n°18 : Différentes classes de lithologies en fonction de leur pouvoir infiltrant.

fig.68 :

CARTE DU PARAMETRE "LITHOLOGIE" DE LA PLAINE D'EL OUTAYA.

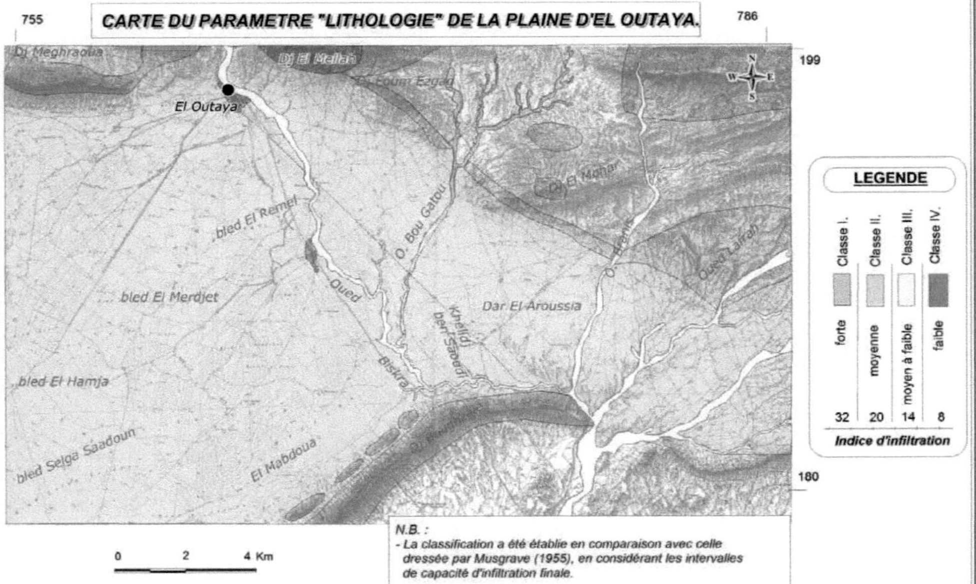

LEGENDE

	Classe I.	forte	32
	Classe II.	moyenne	20
	Classe III.	moyen à faible	14
	Classe IV.	faible	8

Indice d'infiltration

N.B. :
- La classification a été établie en comparaison avec celle dressée par Musgrave (1955), en considérant les intervalles de capacité d'infiltration finale.

Afin de mieux représenter les différentes catégories de lithologie, nous avons considéré les intervalles de capacité d'infiltration finale.

Les ouvrages humains quant à eux, ont été regroupés dans la classe I avec une infiltration finale de l'ordre de zéro.

3.3.3. LE RESEAU HYDROGRAPHIQUE

Le réseau hydrographique de la région d'étude est squelettique. Il comporte un tronc principal (Oued Biskra) qui reçoit sur sa rive gauche quelques tributaires issus de l'Aurès et de djebel Mellah. Ces Oueds étalent leurs graviers sur une largeur de 50 à 400 m entre des berges abruptes de 1 à 3 m de haut. La majorité de réseau hydrographique est à sec tout le long de l'année, sauf lors des pluies exceptionnelles. Mentionnons toutefois des filets d'eau saumâtre qui s'écoulent dans de profondes encoches à la périphérie de djebel Mellah (Oued Mellah).

L'établissement de la carte thématique de ce paramètre (fig.69) repose sur la digitalisation, à partir de la carte topographique, de tous les cours d'eau ; leur comptabilisation et leur classement en fonction de leurs densités (hydrographique et de drainage).

Une première classification qualitative, a permis de distinguer « visuellement » quatre (04) classes :

- Une classe *très dense*, concentrée en zone de montagne (Dj. Boughezal au Sud, Dj. El Mellah et Dj. Maghraoua au Nord).
- Une deuxième classe *dense* se concentre dans les piedmonts et les zones de reliefs de moindre importance où la densité est inférieure par rapport à la précédente.
- Une classe de *faible densité* englobant toutes les zones de faibles pentes.
- Une classe de *très faible densité*, presque vide en cours d'eau regroupant toutes les zones de plaines et les dépressions.

Une deuxième classification a été adoptée en fonction de la densité de drainage (*Id*). Quatre (04) classes ont été ainsi identifiées suivant l'indice *Id* :

- *Id >2 (très forte)* : L'écoulement et le drainage sont très forts. Cette classe concerne les zones montagneuses.
- *2> Id >1.5 (forte)* : L'écoulement et le drainage sont moyens, cette classe se concentre dans les piedmonts et les zones de reliefs de moindre importance par rapport à la classe précédente.
- *1.5> Id >1 (moyenne)* : L'écoulement et le drainage commencent à faiblir, la vitesse devient de plus en plus faible et l'infiltration commence à avoir de l'ampleur (dans le cas d'une lithologie ou pédologie favorables). Cette classe se trouve dans les zones de faible pente (plaine).

fig.69 :

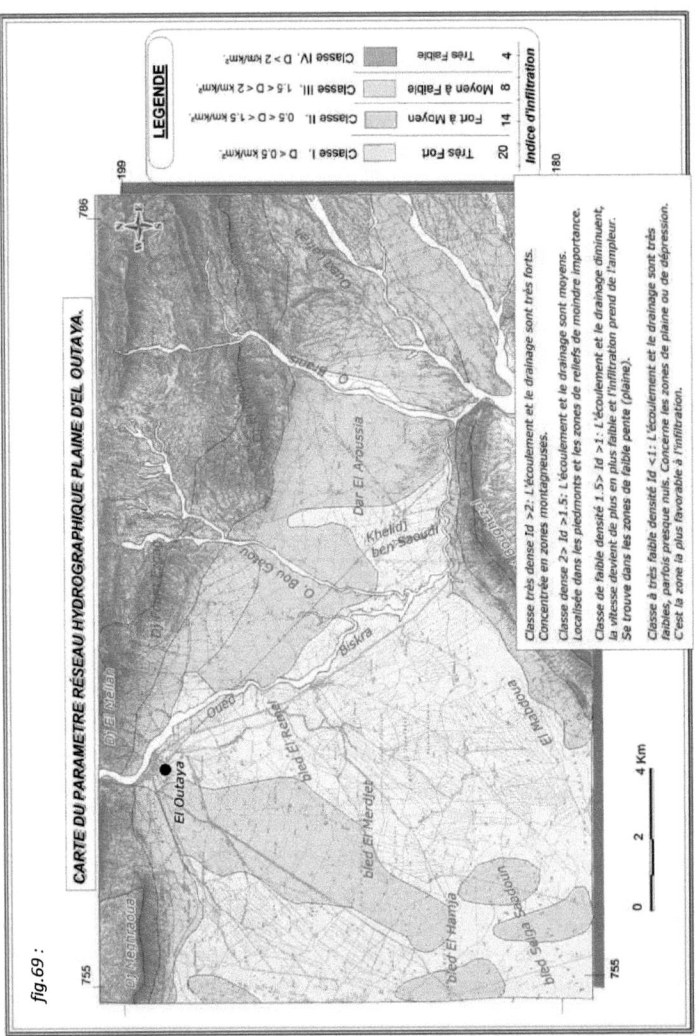

- *Id <1 (moyenne à faible)* : L'écoulement et le drainage sont très faibles, parfois presque nuls, cette classe concerne les zones de plaine ou de dépression. C'est la zone la plus favorable à l'infiltration.

Ces deux classifications donnent des cartes similaires. Néanmoins, la classification en fonction de (*Id*) est plus pertinente car elle donne des classes du réseau hydrographique chiffrées.

3.3.4. LE SOL

La carte du paramètre sol (fig.70) a été établie à partir de l'étude agro-pédologique au 1/100 000 de la plaine d'El Outaya (DSA Biskra, 2006). Quatre (04) classes de sols ont été observées dans notre zone d'étude (tableau n°19): les sols minéraux bruts, les sols peu évolués, les sols halomorphes et les sols hydromorphes.

☑ *Classe des sols minéraux bruts (forte à moyenne)* :

Cette classe est représentée par la sous-classe des sols non climatiques d'apport alluvial. Elle est constituée par les lits majeurs des oueds : Biskra, khelidj, El Bar, Bou Gatou, Khelidj Ben Souidi et El Haguena, et terrains avoisinants.

☑ *Classe des sols peu évolués (moyenne)* :

Dans la classe des sols peu évolués non climatiques nous distinguons :

- Le groupe des sols d'apport alluvial modal : Ils se localisent le long des Oueds : Biskra, Bou Gatou, El Haguena et El Bar. Ce groupe présente de nombreuses textures allant de très fine au nord de l'étude et fine au centre jusqu'à une texture moyenne sur une profondeur atteignant 30cm à l'est et très grossière au Sud.
- Le groupe des sols d'apport alluvial halomorphe : Ils se retrouvent dans la zone sud est de l'étude, sur une superficie de 2800 ha soit 8.4% du total et voisinant avec les sols halomorphes et les sols peu évolués. Ces sols sont à texture fine.
- Les sols peu évolués d'apport colluvial modal : Ils sont concentrés au bas des montagnes sur des pentes de 2 à 3%. Ils sont peu étendus et souvent associés aux sols d'apport alluvial. Ils ont été décrits au centre est de l'étude et couvrent environ 325 ha soit 0.97% de la superficie totale où la texture fine est présente.
- Les sols peu évolués d'apport colluvial halomorphe : Ces sols sont peu étendus, ils couvrent 1775 ha soit 5.33% de l'étendue totale. Ils ont été décrits au nord de l'étude. Leur texture est grossière sur une profondeur de 30cm et devient moyenne pour plus de profondeur.

☑ *Classe des sols halomorphes (faible)* :

Cette classe représente la plus grande partie des sols de la plaine étudiée. Elle couvre une superficie de 21150 ha soit 63.5% du total. Ces sols se définissent par l'ensemble des caractères suivants :

- soit par la présence de sels solubles : chlorures, sulfates, carbonates, bicarbonates de sodium et de magnésium, dont la teneur élevée les rend apparents à l'examen visuel, et provoque des modifications importantes de la végétation.

- soit par la présence de sodium échangeable, et de Mg, avec apparition d'une structure massive et diffuse, et une capacité d'échange élevée.

On distingue dans la zone étudiée deux sous classes :

- Sous classe des sols halomorphes à structure non dégradée : ce sont des sols riches en sels solubles où la structure n'est pas dégradée sous l'influence du sodium. Ces sols montrent une diversité de texture ainsi que leurs profondeurs.
- Sous classe des sols halomorphes à structure dégradée : On peut distinguer le groupe des sols salins à alcalins qui sont moins riche en solubles, et la teneur en argile est constante, où la texture et la profondeur sont toujours variables. Ils couvrent une superficie de 12200 ha soit 40.35% de la superficie totale. Ces sols ont une structure massive et diffuse en surface pendant la saison sèche.

☑ *Classe des sols hydromorphes (très faible)* :

Les sols correspondants à cette classe sont localisés au sud-ouest de la plaine, leur superficie est restreinte 1225 ha soit 3.68% de l'étendue totale.

Classe	Sous classe	Groupe	Sous-groupe	Superficie (ha)	%
sols minéraux bruts. (forte à moyenne)	non climatiques	d'apport alluvial	modaux	894	2.68
sols peu évolués (moyenne)		d'érosion	régosoliques	1625	4.87
		d'apport alluvial	halomorphes	2800	8.40
			modaux	325	0.97
			halomorphes	1775	5.33
sols halomorphes (faible)	sols à structure non dégradée	sols salins	modaux	7725	23.19
	sols à structure dégradée	sols salins à alcalins	sols fortement salés à structure massive et diffuse en surface	12200	36.63
Hydromorphes (Très faible)	Structure très dégradée	Très salins	hydromorphes	1225	3.63
			Total	33300	

Tableau n°19 : Différents types de sols de la plaine d' El Outaya (DSA Biskra 2006)

fig.70 :

CARTE DU PARAMETRE SOL DE LA PLAINE D'EL OUTAYA.

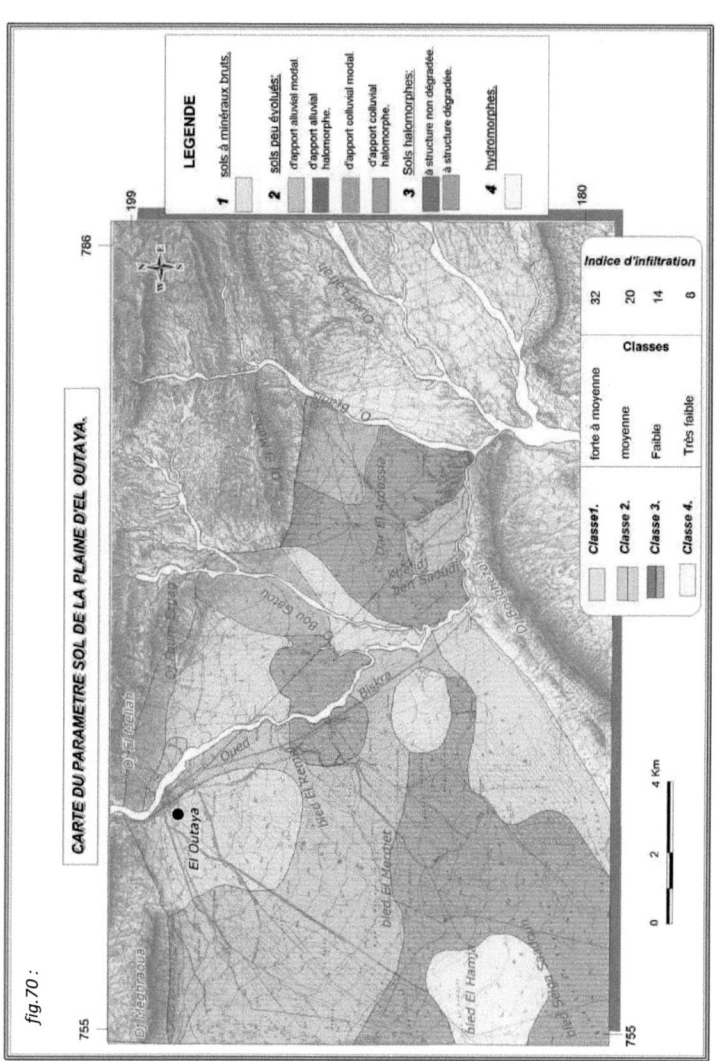

En dehors des sols halomorphes où la texture est fine à très fine, et au sud de la zone où elle est très grossière, la texture de la zone étudiée est fine à moyenne.

La structure est favorable dans l'ensemble : polyédrique moyenne à particulière, pour une infiltration importante.

Selon le tableau précédent, on observe la dominance des terrains halomorphes à structure dégradée, *car leur influence apparaît bien sur les eaux souterraines.*

3.3.5. LA PENTE

Le modèle numérique de terrain que nous avons établi (fig.71)à partir de la digitalisation des courbes de niveau de la carte topographique et après traitement à l'aide du logiciel Vertical Mapper articulé sur Mapinfo, nous a permis d'obtenir une carte des pentes (fig.72) de toute la zone d'El Outaya.

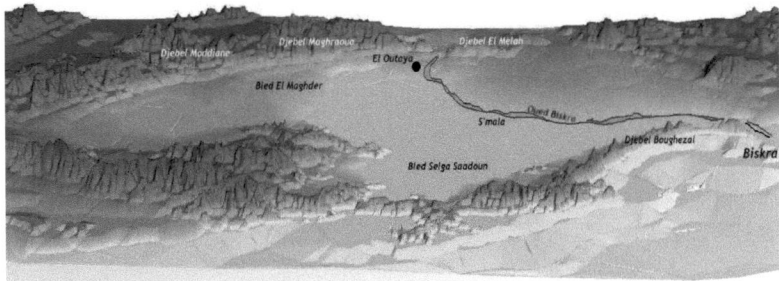

fig.71 : Modèle Numérique de Terrain (MNT) de la plaine d'El Outaya

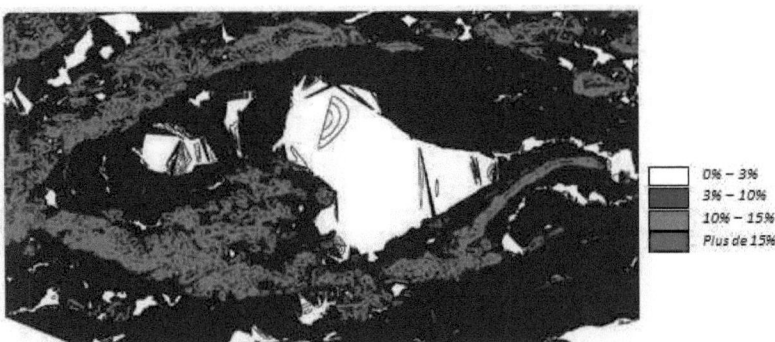

Fig.72 : Carte des pentes de la plaine d'El Outaya

L'examen des valeurs de pentes obtenues nous a permis de déterminer quatre (04) classes :

☑ *Classe I : α >15% (très forte)*

Les valeurs de cette classe représentent les zones montagneuses qui entourent toute la plaine d'El Outaya (Dj. Maghraoua, Dj. Foum Zgag, Dj. Boughezal), où le ruissellement serait très important, impliquant une infiltration minime.

☑ *Classe II : 10<α< 15 % (forte)*

Cette classe correspond aux zones de piedmonts. Le ruissellement perdrait de son ampleur et c'est l'infiltration qui commencerait à avoir lieu, bien que le facteur longueur de pente soit réduit. Cette bande comprend la région de Branis et le flanc nord de Dj Boughezal.

☑ *Classe III : 3< α<10% (faible à moyenne)*

C'est la classe des hautes plaines ; elle comprend les deux périmètres Koudiat Djedid et M'Keinet récemment aménagés et qui ont des pentes allant de 1.5 à 3.5%. Cette zone montre des pentes relativement faibles, où l'infiltration prend de l'importance contrairement au ruissellement qui perd son énergie.

☑ *Classe IV : α <3% (très faible)*

C'est la classe des basses plaines. Elle occupe le centre de la carte et la plus grande partie de la zone d'étude. Les pentes y sont très faibles, d'où le nom de « El Outaya » signifiant le plat.

Au vu de ces descriptions, nous constatons que la zone d'étude est couverte en majeure partie par la *classe IV* où les pentes sont très faibles, favorisant ainsi l'infiltration (fig.73). Nous observons en outre que cette plaine sert de réceptacle aux eaux de ruissellement provenant des montagnes qui l'entourent.

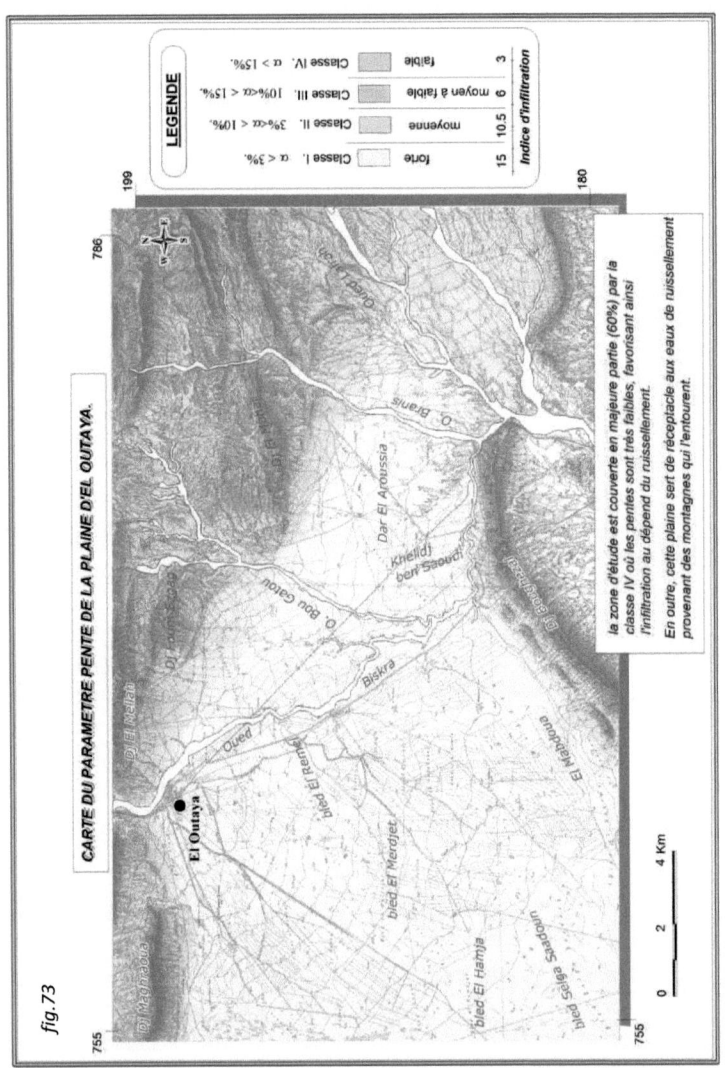

fig.73 CARTE DU PARAMETRE PENTE DE LA PLAINE D'EL OUTAYA.

3.4. ANALYSE MULTI- CRITERES

3.4.1. Evaluation des cotes

Afin d'estimer les cotes des différents paramètres de façon homogène, une échelle des cotes a été élaborée sur la base des plages de variation des paramètres. Nous obtenons ainsi l'échelle suivante :

Classe	Très forte	Forte	Forte à moyenne	Moyenne	Moyenne à faible	Faible	Très faible
Cote	10	8	6.5	5	3.5	2	1

La catégorisation des paramètres suivant cette échelle nous permet d'obtenir les cotes de chaque classe ; ceci pour tous les paramètres indépendamment les uns des autres.

Le tableau n°20 qui suit récapitule les valeurs obtenues pour tous les paramètres.

Notons que le réseau hydrographique et la pente présentent des relations inverses avec la recharge, leurs côtes sont par conséquent inversées

Selon l'approche qui est faite à chaque paramètre, le domaine de l'effet est exprimé soit en valeurs numériques, soit par une description qualitative.

Paramètre	Description de la classe	Domaine de l'effet	côte de l'effet
Lithologie	fort	25-50%	8
	moyen	10-25%	5
	moyen à faible	5-10%	3.5
	Faible	< 5%	2
C.V. &.O.S	moyen	Végétation dispersée	5
	Faible à moyen	Parcours saharien	3.5
	Faible	Parcours épars	2
	Très faible	Construction,	1
Réseau hydrographique	Fort	D> 2 km/km²	1
	Fort à moyen	2>D>1.5 km/km²	2
	Moyen à faible	1.5>D>0.5 km/km²	3.5
	très faible	D< 0.5km/km²	5
Pente	Très fort	15% < α	1
	Fort à moyen	10<α<15%	2
	moyen	3< α<10%	3.5
	Très faible	α<3%	5
Sol	Fort à moyen	Minéraux bruts	6.5
	Moyen	Peu évolués	5
	faible	Halomorphes	2
	très faible	hydromorphes	1

Tableau n°20 : Catégorisation des paramètres affectant la recharge potentielle dans la plaine

3.4.2. DETERMINATION DES POIDS

Pour déterminer la pertinence de chaque paramètre vis-à-vis de l'infiltration, une analyse des effets relationnels inter-paramètres a été effectuée.

A la lumière de l'analyse des phénomènes induits par les différents paramètres et à partir de la superposition des cartes thématiques, les unes sur les autres, il appert que :

- ☑ *la lithologie* conditionne le type de couvert végétal et d'occupation du sol. En effet, pour chaque type de lithologie, un genre et une densité de couvert végétal se définissent. D'ailleurs certains endroits représentés sur la carte sont quasiment désertiques, cela est probablement dû à la nature lithologique constituée essentiellement de sables fins ou d'affleurements montagneux.

    Par ailleurs, Le couvert végétal a un rôle fixateur des terrains en place (lithologie), il réduit l'ampleur de l'érosion et de glissement.

    La lithologie aura donc un effet majeur (1) et le couvert végétal un effet mineur (0.5).

- ☑ Tous les *sols* dégradés sont presque dénudés, en raison de la salinité et l'état de terrain. Par contre les terrains évolués sont occupés par une végétation évoluée soit saisonnière ou permanente, soit dense ou dispersée.

    D'autre part, les plantes avec leurs racines et feuillages jouent un rôle important dans l'amélioration de la terre végétale et la capacité d'infiltration. Il existe donc un effet majeur des deux parts.

- ☑ La végétation existante se concentre dans les plaines, les lits d'oueds et les zones de dépression, auxquels correspondent des *pentes* faibles à très faibles. Par contre celles des hauteurs où les pentes sont de plus en plus fortes (>10%) sont pratiquement désertiques, le cas des Djebels Maghraoua, El Mellah, Boughezal et Bou Mengouche... La pente joue un rôle important dans le ruissellement et dans l'alimentation, donc elle influe le couvert végétal continuellement.

- ☑ La superposition de cartes du couvert végétal et celle du *réseau hydrographique*, a permis de retenir que tous les types de cultures se concentrent soit sur les deux rives ou à l'approche d'un oued ou Thalweg, soit à l'exutoire du bassin versant pour se permettre un meilleur arrosage et un renouvellement de la terre végétale. En conséquence, le couvert végétal est en relation directe avec le réseau hydrographique et conditionné par ce dernier. Mais, il faut signaler que le couvert végétal freine le ruissellement, de ce fait un effet mineur est à relever aussi.

- ☑ Les cours d'eau présentent une forme « imposée » en grande partie par la lithologie des terrains qu'ils traversent. L'effet majeur est donc assez évident.

D'autre part, la lithologie doit beaucoup au réseau hydrographique pour son alimentation en particules fines et son remaniement. En conséquence, un effet majeur existe de part et d'autre.

- ☑ En superposant la carte du réseau hydrographique et celle de la pente, nous remarquons que plus la pente est forte plus la densité des cours d'eau est grande et les affluents sont resserrés. Dans les zones de plaines les cours d'eau sont plus espacés et de très faible densité. Il y a donc un effet majeur de la part de la pente.
- ☑ La nature pédologique et la texture du sol sont continuellement modifiées et remaniées par le réseau hydrographique soit par le transport ou par les phénomènes d'érosion et de corrosion. Un effet majeur est donc exercé par le réseau hydrographique
- ☑ C'est suivant la nature des terrains que la pente se dessine. En effet, les pentes les plus fortes s'aperçoivent dans les terrains durs, comme les montagnes calcaro-dolomitiques ou salifères du Trias. Par contre les plus faibles se trouvent dans les terrains récents friables. Ceci implique un effet majeur de la lithologie sur la pente
- ☑ La pédologie a pour origine l'érosion des affleurements en surface, et cette érosion est due à divers facteurs tels que les pluies, les eaux des oueds et d'autres facteurs mécaniques. La lithologie influe sur les constituants de la pédologie, entraînant donc un effet majeur

En résumé, l'organigramme suivant (fig.74) présente les différentes relations entre les paramètres :

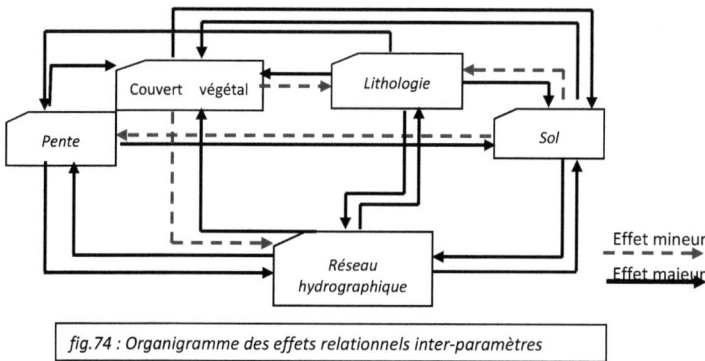

fig.74 : Organigramme des effets relationnels inter-paramètres

Le poids est déterminé en fonction de nombre d'effets que chaque paramètre exerce sur les autres ; à titre d'exemple, le réseau hydrographique affecte tous les facteurs, nous lui attribuons donc un poids de quatre (04).

Le poids d'influence des facteurs est exprimé en points comme suit :
- Réseau hydrographique : 4 majeurs = (4x 1)= 4pts
- Couvert végétal : 1 majeur + 2mineurs = (1x1) + (2x 0.5)=2pts
- Pente : 3 majeurs =3x1=3pts
- Lithologie : 4 majeurs = (4x1)= 4pts
- Sol : 2 majeurs + 2 mineurs= (2x1) + (2x0.5)=3pts.

3.4.3. DETERMINATION DES INDICES D'INFILTRATION

Pour évaluer la contribution de chaque facteur dans la recharge potentielle, son poids et sa côte ont été intégrés tels que mentionné dans le tableau n°21 suivant :

Facteur	Description des classes	Cote de recharge	Poids (1à 4)	Poids*Cote	Indice d'infiltration	Taux de contribution
Lithologie	fort	8	4	32	74	33%
	moyen	5		20		
	moyen à faible	3.5		14		
	faible	2		8		
C.V. &.O.S	moyen	5	2	10	23	10%
	faible à moyen	3.5		7		
	Faible	2		4		
	Très faible	1		2		
Réseau hydrographique	Très Fort	1	4	4	46	21%
	Fort à moyen	2		8		
	Moyen à faible	3.5		14		
	très faible	5		20		
Pente	Très fort	1	3	3	34.5	16%
	Fort à moyen	2		6		
	moyen	3.5		10.5		
	Très faible	5		15		
Sol	Fort à moyen	6.5	3	19.5	43.5	20%
	Moyen	5		15		
	moyen à faible	2		6		
	très faible	1		3		
				Total	221	

Tableau n°21 : Evaluation des indices d'infiltration et du taux de contribution

Le pourcentage d'effet de chaque facteur par rapport au poids total est :
- ❖ Lithologie   = 74 x 100 / 225.5 = 33,48% ≈33%
- ❖ Réseau hydrographique = 46 x 100 / 225.5 = 20,80% ≈21%
- ❖ Couvert végétal   = 23 x 100 / 225.5 = 10,40 % ≈10%
- ❖ Pente   = 34.5 x 100 / 225.5 = 15,60 % ≈16%
- ❖ Sol   = 48 x 100 / 225.5 = 19,70% ≈20%

Les paramètres interviennent donc sur la recharge selon les pourcentages cités ci-dessus. Nous y constatons que le facteur le plus affectant est la lithologie avec plus de 33% ; le moins affectant étant le couvert végétal avec 10%.

3.4.4. Etablissement de la carte-synthese

L'établissement de la carte de recharge potentielle a été rendu possible grâce à *l'agrégation* de l'ensemble des cartes paramétriques élaborées et stockées sous forme de couches dessin et données dans le Système d'Informations Géographiques utilisé.

Cette carte (fig.75) révèle les zones majeures d'infiltration. Ainsi, cinq (05) niveaux descriptifs ont été mis en évidence. La projection de ces niveaux sur l'échelle proposée par la FAO (1967), montre des classes de recharge à valeurs similaires qui vont de très faible à forte recharge potentielle, regroupées dans le tableau n°22 suivant :

Classe de recharge	Très forte	Forte	Moyenne à forte	Moyenne	Faible	Très faible
Taux déterminé	-------	30-37%	20-30%	10-20%	5-10%	<3%
Taux Moyen	-------	**32.5%**	**25%**	**15%**	**7.5%**	**1%**
FAO (1967)	45-50%	30-35%	-------	10-20%	5-10%	< 5%

Tableau n°22 : Classification des taux de recharge d'après l'échelle de la FAO

Ces classes révèlent des valeurs optimistes quant à la recharge potentielle. La question à laquelle on devrait répondre est : comment peut-on calculer la quantité globale et zonale de la recharge ?

Pour calculer la quantité d'eau réellement infiltrée, une formulation simplifiée est proposée par la FAO (1967) :

$$W = Volume\ précipité * Rapport\ de\ la\ recharge * \%\ de\ la\ surface$$

- ✓ Calcul de la surface totale :

   A partir des valeurs des différentes surfaces lues directement sur la couche dessin (surface du polygone délimitant chaque classe), nous avons la surface totale :

   Surface 1 : **254 km²**, représente **50 %**
   Surface 2 : **66.04 km²**, représente **13 %**
   Surface 3 : **86.36 km²**, représente **17 %** $\Rightarrow$ la surface totale = **508 km²**
   Surface 4 : **91.44 km²**, représente **18 %**
   Surface 5 : **10.16 km²**, représente **2 %**

- ✓ Calcul du volume précipité :

$$Volume\ précipité = Précipitation\ moyenne\ annuelle * surface\ totale$$

- P=144mm = **0.144 m** ;
- Surface = **5.08 x10^8 m²** ;
- Volume précipité = **7.32 x10^7 m³/ an.**

✓ Taux de recharge pour les niveaux définis :
- Classe 1 : **32.5 %** = 0.325
- Classe 2 : **25 %** = 0.25
- Classe 3 : **15 %** = 0.15
- Classe 4 : **7.5 %** = 0.075
- Classe 5 : **0.5 %** = 0.01

✓ Calcul de la recharge :

$W = 7.32 * 10^7 (0.5 * 0.325 + 0.13 * 0.25 + 0.17 * 0.15 + 0.18 * 0.075 + 0.02 * 0.01)$

$$W = 1.65 * 10^7 \ m^3/an$$

La lame infiltrée annuelle serait alors de $L_{inf} = 30 \ mm/an$

Ceci veut dire que **23.6 %** des précipitations s'infiltrent.

Cette infiltration ou quantité de recharge se répartit sur la zone d'étude comme suit :

* **16.25%** au niveau de la plaine ;
* **3.25%** dans les thalwegs et les oueds ;
* **2.55%** à travers les calcaires fissurés ;
* **1.35%** à travers les calcaires et dolomies moins fissurés ;
* **0.25%** s'infiltrent à travers djebel El Mellah et ces environs (Trias et Lias).

Enfin, les principaux résultats obtenus sont consignés dans le tableau n° 23 ci-dessous :

Classe de recharge potentielle	Très forte	Forte	Forte à moyenne	Moyenne	Faible	Très faible
Estimation de FAO %	40- 45%	30-35%	----------	10-20	5-10	<5
Notre estimation %	----------	30-37	20-30	10-20	5-10	0.1-1
Moyenne%	----------	32.5	25	15	7.5	0.5
Surface (km²)	----------	254	66.04	86.36	91.44	10.16
% de surface	----------	50	13	17	18	2
Volume infiltré	----------	20.65	4.13	3.24	1.7	0.25
% / précipitation	----------	16.25	3.25	2.55	1.35	0.25

Tableau n° 23 : Récapitulatif des résultats obtenus

3.4.5. ANALYSE ET CONCLUSION

Les terrains à forte infiltration (16.25 % des précipitations moyennes annuelles) représentent 50% de la zone d'étude et se concentrent dans la plaine proprement dite. Ceci est probablement dû à la réunion des toutes les conditions favorables, telles que :

* une lithologie hétérogène à sédimentation quaternaire, généralement constituée de sables et graviers à ciments mixtes (argile et sable),
* une végétation à concentration moyenne et de natures différentes joue un rôle de ralentisseur d'écoulement,
* une morphologie plus au moins plane avec des pentes faibles à très faibles,
* un bon drainage des sols, couplé à un écoulement superficiel très faible dû à la faible densité de réseau hydrographique,
* une texture favorable : grossière, moyenne à fine

L'infiltration la plus faible se rencontre dans les terrains du Jurassique inférieur (Lias) et du Trias. La nature lithologique est gypso-salifère et dolomitique quasi imperméable avec une infiltration totale de 0.25% des précipitations moyennes annuelles.

Les terrains de moyenne à forte infiltration sont de nature calcaire à calcaro-dolomitique fissuré ou de nature alluvionnaire.

Afin de valider cette méthodologie ainsi que les résultats obtenus, nous les avons comparés à ceux obtenus par d'autres méthodes appliquées dans la même zone d'étude, en l'occurrence la méthode du bilan hydrologique effectuée au pas de temps journalier (Mimeche L. 2003) dont la méthodologie appliquée est la suivante :

Principe de la méthode :

Généralement, l'évaluation du bilan hydrique est déterminée au pas mensuel, mais ce dernier est toujours déficitaire car les valeurs des pluies mensuelles sont toujours inférieures à l'ETP et par conséquent, les valeurs de ruissellement et d'infiltration sont nulles. Or, des observations ont montré que suite à des pluies importantes survenues les 22 et 23 avril 1998 (47mm), des variations des niveaux statiques ont été mises en évidence. Cette variation est probablement la conséquence de l'infiltration de ces pluies concentrées sur deux journées.

Pour évaluer le bilan hydrique au pas de temps journalier l'auteur a procédé de la manière suivante :

- Déterminer le bilan hydrique au pas journalier par la relation : P-ETP ;
- Cumuler les différences « P-ETP » où l'excédent existe
  $[\sum \text{Excédent} = \sum (P-ETP) \text{ pour } (P > ETP)]$.

Nous savons que « P-ETP = R+I » ; cet excédent est alors reparti entre les deux parties : une qui ruisselle à la surface, et l'autre s'infiltre pour alimenter la nappe ; mais il est difficile de faire ressortir la valeur de l'infiltration de celle du ruissellement par manque de résultats de ruissellement qui sont dues à l'absence de jaugeages des écoulements sur les oueds.

L'analyse effectuée sur une période de 10 ans (1988-1997) a donné les résultats suivants :

P =1420.40mm (la somme des pluies sur 10 ans).

R+I (cumulé) **=676.76 mm.**

L'excédent (R+I) représente alors **48%** des Précipitations.

Par ailleurs, Hamidou (1974), a calculé à partir du traitement d'un nombre important d'analyses granulométriques et d'un zoning grossier de la répartition des précipitations, un coefficient d'infiltration variant entre 20% et 40% de la pluie moyenne annuelle, réparti de la manière suivante, en fonction de la constitution granulométrique des zones :

- Au niveau des oueds, qui sont caractérisés par une texture grossière (cailloutis, graviers) à moyenne (sable, limon), le coefficient d'infiltration adopté est de 40% de pluie moyenne annuelle (200mm). La valeur de l'infiltration est autour de 80 mm/an.
- Au niveau des bordures de montagnes, qui sont caractérisées par une texture grossière à moyenne (galets, graviers, cailloutis, sable et limon), l'infiltration s'effectue par l'arrivée des précipitations reçues sur les monts de l'Atlas saharien. Le coefficient d'infiltration est estimé à 30% des pluies moyennes annuelles (350mm). La valeur de l'infiltration est autour de 105mm/ an.
- Au niveau de la plaine, la texture est généralement moyenne (sable, limon) à fine (sable argileux, argile sableuse), le coefficient d'infiltration est de l'ordre de 20% des pluies moyennes annuelles (150mm). La valeur de l'infiltration est autour de 30mm/ an.
- Au niveau des calcaires moyennement fissurés de l'Eocène inférieur et Sénonien supérieur, le coefficient d'infiltration est estimé à 30% des pluies moyennes annuelles (150mm). La valeur de l'infiltration est autour de 45mm.

Ces valeurs nous paraissent surestimées, en particulier les coefficients d'infiltrations (d'infiltrabilité), car le phénomène n'est pas régi uniquement par la granulométrie des terrains et par un zoning des précipitations en fonction des altitudes.

Par contre, en affectant ces indices aux surfaces respectives établies suivant notre méthodologie, les résultats obtenus sont significatifs et comparables à ceux calculés par notre méthode. En effet, la valeur de l'infiltration calculée est de l'ordre de 25.9% (33.4mm) des précipitations et la répartition se fait comme suit :

- 12% de l'infiltration se fait au niveau de la plaine, soit 15.47mm ;
- 5.2% de l'infiltration se fait à travers les lits des oueds, soit 6.7mm.
- 5.2% de l'infiltration se fait au niveau des bordures de montagnes, soit 6.7mm ;
- 3.04% de l'infiltration se fait à travers les calcaires et dolomies moins fissurées et les autres affleurements rocheux, soit 4mm;
- 0.46% de l'infiltration se fait à travers djebel El Mellah et ses environs, soit 0.5mm.

Nous pouvons donc retenir que la compilation des deux méthodes peut aboutir à des résultats significatifs, et pour cela il faudrait :
> *Prendre en considération les surfaces et les zonalités définies par la méthode proposée ;*
> *Effectuer un zoning des précipitations (pour ne pas avoir recours à la moyenne annuelle qui fausse les approximations).*
> *Procéder au calcul d'indices d'infiltration ponctuellement à l'aide de mesures infiltrométriques, afin de caler les indices proposés.*

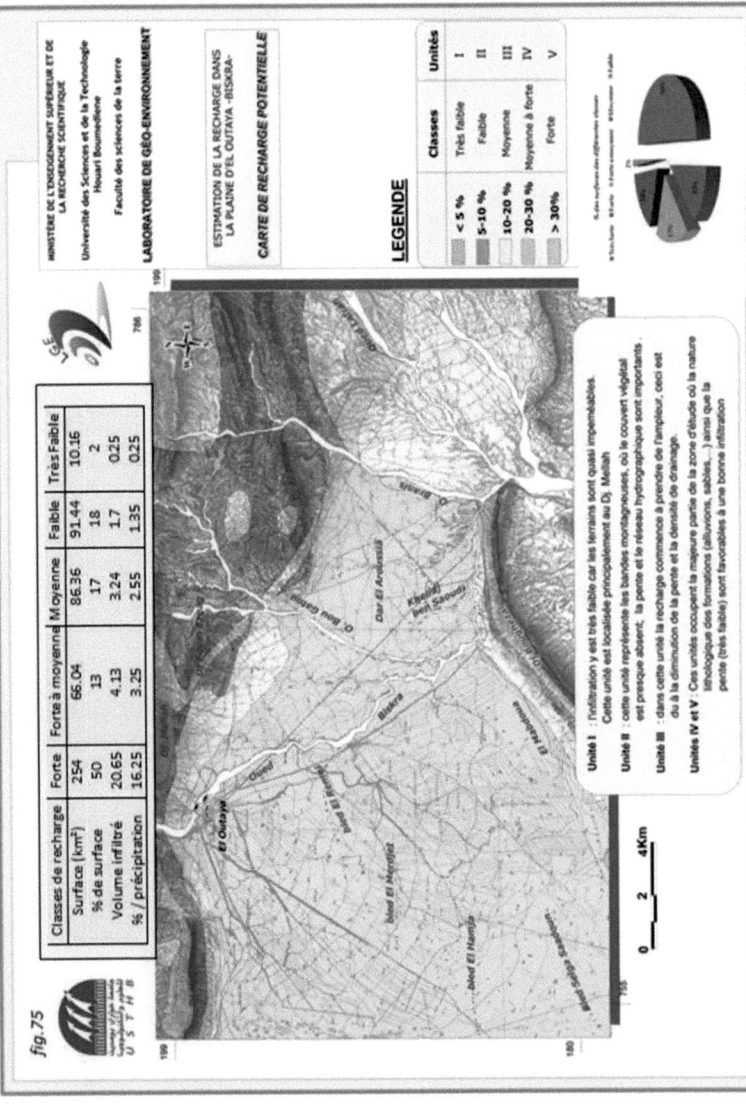

fig.75

TROISIEME PARTIE
IMPACT DU BARRAGE DE «FONTAINE DES GAZELLES» SUR LE FONCTIONNEMENT HYDROGEOLOGIQUE DE LA NAPPE ALLUVIALE DE OUED BISKRA

1. INTRODUCTION

Une nappe alluviale est une nappe contenue dans un aquifère constitué par les alluvions d'une rivière ou d'un oued. Les alluvions y sont généralement très perméables; elles peuvent être très épaisses et constituer un réservoir très important qui sert à l'alimentation en eau des villes situées le long de l'oued. Le cours d'eau et sa nappe sont intimement liés dans leur fonctionnement hydrodynamique. Les échanges sont complexes et fluctuants mais schématiquement et en période de basses eaux, la nappe alimente l'oued. En période de crues assez longue, l'inverse se produit et la nappe absorbe l'eau en excès. La nappe intervient ainsi dans l'amortissement des crues (par infiltration d'une partie de l'eau) et le soutien d'étiage.

En zone aride, et tout comme l'oued, les eaux de la nappe s'écoulent, souvent vers les dépressions endoréiques où elles s'évaporent (lacs temporaires avec dépôt de sels ou sebkha continentale).

Les nappes alluviales sont traditionnellement exploitées dans les Zibans et sont même à l'origine de certaines palmeraies qui étaient alimentées directement grâce aux sources et aux nombreux puits traditionnels. On classe dans cette catégorie la nappe alluviale de oued Biskra en amont de la ville et celle de oued Djedi.

En effet, depuis la plaine d'El Outaya au nord jusqu'à la limite de la ville de Biskra au sud, l'oued El Haï- Biskra serpente sur une épaisse couche d'alluvions formées de sables, graviers, galets, déposés par le cours d'eau dès le début du Quaternaire. Très perméables et poreuses, les alluvions emmagasinent l'eau formant ainsi une masse d'eau souterraine que l'on nomme *nappe alluviale de oued Biskra*. Le sous-sol marneux et imperméable du Miocène sur lequel elle repose forme le substratum de cette nappe.

Les études hydrogéologiques concernant l'aquifère alluvionnaire de oued Biskra sont très rares. En dehors de l'étude sur modèle analogique (électrique) effectuée par la Société Centrale pour l'Equipement du Territoire (SCET-COOP, 1967) et de quelques travaux très anciens et ponctuels pour la réalisation de forages, aucune étude de détail n'a été réalisée depuis. En outre, aucun équipement de surveillance et de suivi de la nappe n'existe ; les anciens forages ainsi que les piézomètres qui y ont été installés, ont été entièrement détruits lors des différentes crues dévastatrices qui ont eu lieu. Nous tenterons par conséquent dans cette partie de synthétiser le maximum d'informations concernant l'hydrogéologie de cette nappe.

2. CARACTERISATION HYDROGEOLOGIQUE DE L'AQUIFERE DE LA NAPPE ALLUVIALE

La nappe alluviale de l'oued Biskra est localisée juste à l'amont de la ville de Biskra (fig.76).

Le seuil amont de la nappe est délimité par la barre calcaire turonienne de la fermeture périclinale de djebel Boughezal à l'ouest et par la cluse de l'oued Besbes à l'est. Le seuil aval quant à lui, est localisé sur la cluse des poudingues du Pliocène.

Cette nappe présente une superficie de 5km² et une épaisseur moyenne de 20m ; le volume d'alluvions déduit de la géophysique étant de 100 hm³ (ScetCoop, 1967).

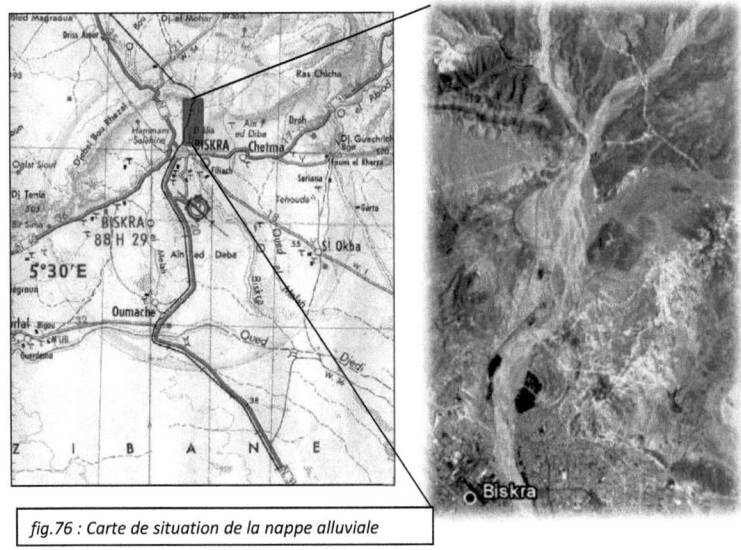

fig.76 : Carte de situation de la nappe alluviale

2.1. CONFIGURATION ET LITHOLOGIE DE L'AQUIFERE

L'aquifère est de forme allongée et de direction générale nord-sud (fig.77). Cette forme a été façonnée par l'écoulement de l'oued Biskra creusé dans les marnes imperméables du Miocène et remblayé par des dépôts alluvionnaires.

Les limites géographiques de l'aquifère se rapportent au remblaiement actuel des terrasses des oueds. L'extension verticale de la nappe peut atteindre parfois 40 mètres, où l'on rencontre des grandes lentilles d'argiles quaternaires marquant le substratum local de la nappe. Cependant, la notion de substratum est discutable du fait qu'on passe par endroits directement à des niveaux de calcaires compacts.

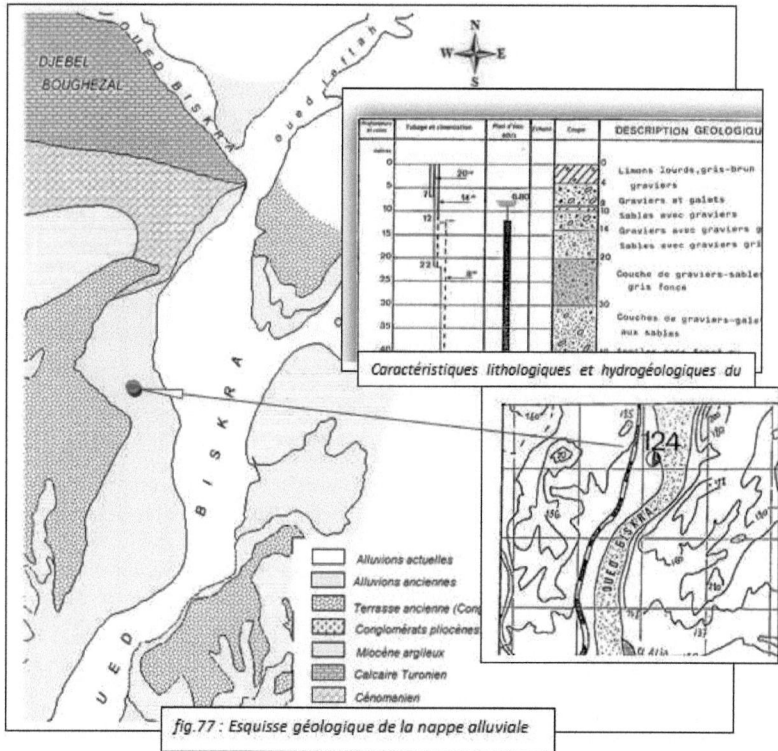

fig.77 : Esquisse géologique de la nappe alluviale

* *Lithologie de l'aquifère*

Le Quaternaire se subdivise dans la région en trois niveaux différents :

- Les alluvions anciennes, qui sont constituées de galets et des formations conglomératiques, plaquées aux pieds des versants calcaires miocènes, limitent toute la dépression des Zibans.
- Les alluvions quaternaires des moyennes terrasses de l'oued Biskra, dont l'extension est importante, sont formées d'un assemblage de cailloutis, graviers et sables, occupent une altitude inférieure à celle des anciennes alluvions.
- Les alluvions récentes qui forment les basses terrasses de oued Biskra sont constituées de gros galets, graviers et sables résultant de l'érosion des massifs calcaires et dunaires limitrophes.

Ces matériaux d'origine crétacée, favorables à la formation de bons réservoirs d'eau, permettent d'importants prélèvements pour l'alimentation en eau potable de la ville de Biskra.

2.2. HISTORIQUE DE L'EXPLOITATION DE LA NAPPE ALLUVIONNAIRE

Avant la mise en exploitation par pompage en 1954, le réservoir alluvionnaire de l'oued Biskra était le siège d'écoulements pérennes décrits par plusieurs observateurs. D'après le rapport de M. Duquesnoy ; 1955, la plus ancienne observation est due à M. VILLE (en mars 1861) qui avait estimé l'écoulement de la nappe à 300 l/s environ. L'ingénieur Duval en 1925 avait trouvé un débit de 200 l/s, pour la seule partie amont.

De 1950 à 1954, Duquesnoy fait état de nombreux jaugeages dont les résultats sont très variables (tableau n°24) et entachés de grandes imprécisions dans les mesures.

Année Source	1951	1952	Fev. 1953	Jun. 1953	Sep. 1953	Oct. 1953
Ras El Ma		93	94.5	84		90
Source de Filiache	30	18.8		56	53.5	54.5

Tableau n°24 : Débit des sources avant les pompages d'après Duquesnoy (en l/s).

Il est évidemment difficile de se faire une idée précise sur l'état original de l'écoulement et de ses variations avec un nombre aussi faible qu'imprécis de mesures. On retiendra simplement le fait que cet écoulement semblait présenter une certaine régularité qui n'excluait pas des variations assez importantes. Ceci prouvait tout de même l'existence d'une ressource importante que les utilisateurs se sont préoccupés de capter et d'utiliser du mieux possible.

Devant le développement de la ville de Biskra et l'augmentation de ses besoins en eau, le réservoir a été soumis à une exploitation par pompage à un débit de 300 l/s par quatre forages placés en travers du cours de l'oued et deux autres à l'amont.

n°	Utilisation des eaux	Volume annuel prélevé (m^3)	Dispositif pompage oui/non	Date de mise en service	Cote calage pompe (m)	Profondeur de l'eau (m)	Débit (l/s)	Prof. (m)
01	AEP	788 400	oui	1972	60	13	30	40
02								36
03	AEP	1 419 120	oui		70	14	50	41
04								41
05								41
06	AEP	1 261 440	oui	10/05/1980	70	14	45	40
07	AEP	1 166 832	oui	1987	70	14	40	43
08	AEP	1 166 832	oui	1987	70	13	40	44
09	AEP	1 419 120	oui	1987	70	13	50	44
10	AEP	1 261 440	oui	19/06/1988	65	13	45	50
11								40
12	AEP	315 360	oui	1994	70	14	12	42
13	AEP	315 360	oui	1994	75	16	15	52
14	AEP	315 360	oui	1993	90	25	12	75

Tableau n°25 : Le champ captant l'aquifère alluvial de oued Biskra (EPEBIS, 2008)

Les pompages ont provoqué le tarissement des résurgences, et les observations sur les piézomètres ont montré que le niveau moyen de la nappe fluctue selon les apports entre 03 et 18m sous le sol, hauteur d'un niveau moyen correspondant à un nouvel état d'équilibre.

Le pompage n'a pas provoqué le tarissement du système et le niveau a retrouvé certaines années le niveau initial de l'écoulement.

Actuellement 14 forages captent les eaux de cette nappe et les débits exploités s'élèvent au total à 1409 m^3/h, d'après l'entreprise de gestion des eaux de la wilaya «EPEBIS» (tableau n°25). *Effectivement, ce tableau montre clairement que les niveaux d'eau n'ont pas diminué de façon drastique.*

2.3. CARACTERISTIQUES HYDRODYNAMIQUES

Le réservoir de 5 km² de superficie se répartit approximativement en deux parties distinctes :
- A l'amont, une vaste zone d'épandage. Cette zone est large et comporte des transmissivités élevées. Elle constitue la partie la plus importante du réservoir (environ 3/5) et elle s'étend vers l'est, sans discontinuité jusqu'aux cluses amont de l'oued Besbes.
- A l'aval, le lit de l'oued se rétrécit principalement au niveau de la cluse miocène dans lesquelles sont implantés les forages d'exploitation. Cette partie est l'exutoire naturel de la partie amont. La barre pliocène ferme en partie le réservoir et joue le rôle de seuil de contrôle aval.

2.3.1. *LA PIEZOMETRIE*

La carte piézométrique élaborée par la S$_{\text{CET}}$-C$_{\text{OOP}}$ en 1967 (fig.78), montre un écoulement de pente régulière affecté d'une importante dépression localisée au droit des ouvrages d'exploitation ; dépression aggravée par la proximité des limites du réservoir à cet endroit. La direction générale de l'écoulement est du nord vers le sud, les niveaux piézométriques varient de 155m en amont à 115m à l'aval.

La nappe à l'amont a une épaisseur variant entre 10 à 20m puis s'épaissit sensiblement avec des valeurs atteignant 40m juste après la confluence des oueds Biskra et Leftah.

Vers l'aval, le réservoir présente une épaisseur d'environ 20m au niveau de l'axe central de l'oued et 10m vers les berges.

La surface piézométrique se trouve à 3 mètres en moyenne sous le niveau du sol, par contre, elle peut baisser plus profondément en période sèche, vu le grand pompage par forage et l'intensité de l'évaporation superficielle.

2.3.2. LA TRANSMISSIVITE

Les plus fortes transmissivités sont observées (fig.79) à l'amont de l'aquifère et atteignent 6.10^{-2} m²/s, elles diminuent sensiblement vers les berges à 10^{-2} m²/s. Vers le sud, les valeurs maximales sont localisées au milieu de l'oued selon l'axe longitudinal (2.10^{-2} m²/s) et diminuent vers les berges pour atteindre une valeur de 10^{-2} m²/s.

Notons que ces transmissivités ne sont pas actualisées, et il est fort probable qu'elles aient diminué, suite à l'abaissement du niveau piézométrique général de la nappe.

2.3.3. LA POROSITE EFFICACE.

La quantité d'eau totale emmagasinée dans les 100 hm³ d'alluvions dépend de la porosité totale de ceux-ci. La quantité d'eau disponible par pompage et renouvelable par apport des crues dépend de la porosité efficace.

Les valeurs de ce paramètre sont généralement très controversées car il est difficile d'en faire la mesure in situ avec précision et les mesures de laboratoire sur des carottes de forage sont tout aussi imprécises.

Pour des alluvions grossières et sableuses les chiffres généralement admis sont de 10 à 15 % (Castany, 1982) ; Les auteurs américains (Todd, 1980) prennent généralement des valeurs du « Specifie yield » beaucoup plus élevées, de l'ordre de 25 à 35 et même 40 %.

Les calculs effectués sur les courbes des piézomètres de Biskra ont fourni une valeur moyenne de ϕ = 30%, soit pour un volume d'alluvions de 100 hm³, un volume emmagasiné d'eau exploitable de 30 millions de m³ environ.

2.3.4. ALIMENTATION DE LA NAPPE

L'alimentation de la nappe des alluvions de l'oued Biskra semble provenir de deux origines différentes :

- ☑ Une alimentation superficielle par des apports pluviométriques où l'on enregistre entre 150 et 200 mm/an ;
- ☑ à cela s'ajoutent les apports considérables amenés en amont par l'oued en période de crue qui traverse la couverture limoneuse peu épaisse et s'infiltre pour atteindre la nappe phréatique.

Les crues ont leur genèse dans la chaîne atlasique au nord de l'oued Biskra. Des mesures effectuées en septembre et octobre 1967 sur les piézomètres placés en amont et en aval de l'oued, ont montré l'influence des crues sur l'état de la nappe.

Pour la même période, la nappe est montée de 1m en amont et 1.5m en aval. Les mesures périodiques réalisées au cours de 1965-1969 indiquent qu'il y a une variation totale annuelle du niveau de la nappe de l'oued Biskra d'environ 1.5m en amont à 2.5m en aval, alors que la région intermédiaire de la nappe dépend de plusieurs facteurs tels que : le débit et la durée de la crue, ainsi que la nature de la formation.

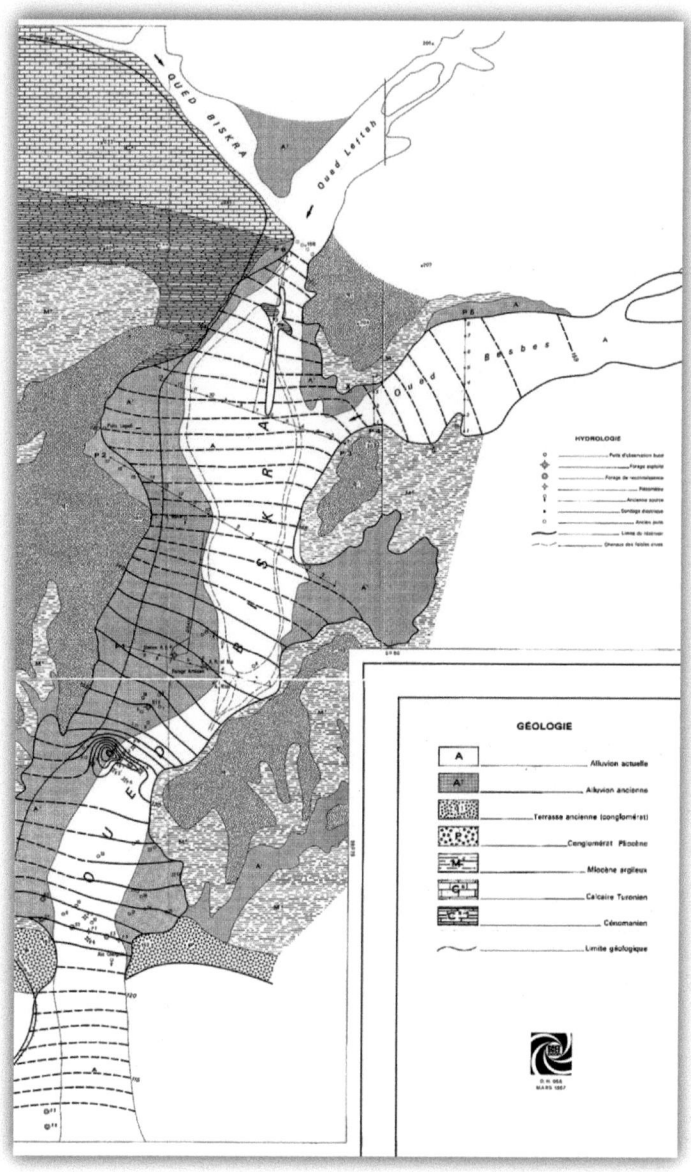

Fig.78 : Carte piézométrique de la nappe alluviale de l'oued Biskra (SCET-COOP, 1967).

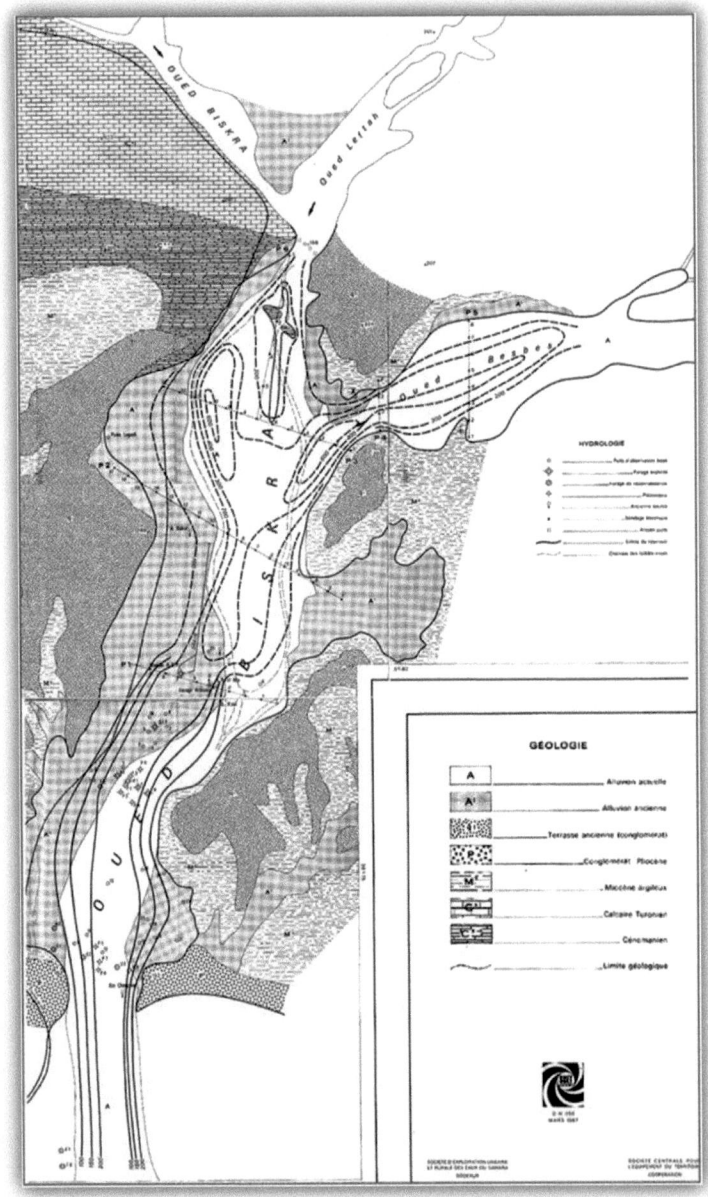

Fig.79 : Carte en courbes d'iso-transmissivités de la nappe alluviale de l'oued Biskra (SCETCOOP, 1967).

2.3.1. CONDITIONS D'ALIMENTATION :

Les oueds qui fournissent les volumes d'eau les plus importants proviennent de l'Atlas Saharien. En effet, les débits enregistrés à Biskra sont produits d'une part, par l'écoulement de l'oued Abdi et de ses affluents et d'autre part par les débits de l'oued El Hai-Biskra.

Cependant, les débits de ces oueds ont fait l'objet de très peu de mesures et, les stations hydrométriques qui existaient auparavant ne sont plus fonctionnelles.

Il y a une vingtaine d'années, on pouvait estimer l'apport annuel de ces oueds sur le piémont méridional de l'Aurès entre 50 et 70 millions de m^3/an -y compris oued Labiod à Foum El- Gherza (Ballais, 1984). Des mesures plus récentes, tendent à montrer que cet apport serait nettement plus important puisque celui des trois oueds les plus abondants (oued el Abiod à Foum El-Gherza : 20,7 millions de m^3; oued el Haï à El Kantara : 18,4 millions de m^3; et oued Abdi à Djemorah, au nord de Biskra : 16,5 millions de m^3) dépasse les 55 millions de mètres cubes (H. NADJI et B. GALI, 1992).

Ces valeurs montrent l'importance des apports des oueds à la nappe alluviale.

Aménagement hydro-agricole : le barrage de « Fontaine des gazelles »

Le barrage de « Fontaine des Gazelles » a été érigé sur l'oued el Haï, au sud d'El Kantara. Destiné à l'irrigation des grands périmètres agricoles, à l'instar du périmètre de M'keinet (1530 ha) dans la plaine d'El Outaya, sa capacité est de 55.5 millions m^3 avec un volume de régularisation de 14 million de m^3. Après une dizaine d'années de réalisation, il a été réceptionné le 25 Mai 2002 et il est actuellement opérationnel avec un taux de remplissage qui a atteint 95% de sa capacité grâce aux pluies exceptionnelles de 1999 (photo 1).

La cuvette du barrage de « Fontaine des Gazelles » (mars, 2008)

La fiche technique ci-après récapitule les caractéristiques de ce barrage :

La digue : type enterrée avec recharge alluvionnaire et noyau central en argile	
Hauteur du sol	42.50m
Longueur en crête	370.00m
Largeur en crête	8.50m
Evacuateur de crues : type labyrinthe	
Crue de projet	3000 m^3/s
Fréquence	10000 ans
Largeur du front déversant	25.00m
Galerie de dérivation	
Diamètre unitaire	8.00m
Longueur	200.00m
Débit à évacuer	800 m^3/s
Vidange de fond	
Diamètre unitaire	1.00m
Longueur	200.00m
Débit à évacuer	20m^3/s
Tour de prise : type circulaire	
Nombre de prises	4
Diamètre	1200mm/prise
Débit évacué par prise	10m3/s
Galerie d'injection	
longueur	371.00m
Equipement : 02 pompes d'épuisement et 40 drains	

La mise en service du barrage « Fontaine des gazelles » a-t-elle une influence sur la réalimentation de la nappe alluviale?

En effet, suite à la mise à eau et l'aménagement du barrage Fontaine des gazelles, il est attendu que les superficies inondées diminuent. Une conséquence possible de cette situation est la réduction de la réalimentation de la nappe alluviale et il ne resterait que les apports de l'oued Abdi et un hypothétique apport profond du Maestrichtien, comme sources d'alimentation

Nous nous sommes intéressés à analyser dans le détail l'alimentation de cette nappe par les deux oueds, afin d'avoir une idée plus précise du schéma de fonctionnement et quantifier son impact sur la recharge de la nappe.

3. ANALYSE DE L'IMPACT DU BARRAGE

3.1. INTRODUCTION

L'auteur S. Aïdaoui (1994) écrit : « Lorsqu'on aborde le Sahara par le Nord, on est frappé par la brutalité avec laquelle on quitte le domaine montagneux de l'Atlas Saharien pour déboucher sur la plateforme saharienne ».

En effet, Le passage entre ces deux ensembles morphologiques se fait par une ligne brutale, formée de longs reliefs sub-verticaux de calcaire blanc, qui marquent la fin de la montagne atlasique et le début de la plateforme saharienne.

Cette topographie accentuée délimite les versants d'où dévalent des talwegs ; ces derniers s'ordonnent et forment des entailles plus ou moins importantes dans les dépressions. Les oueds ainsi formés convergent vers le principal oued qui est l'oued Biskra.

3.2. LE RESEAU HYDROGRAPHIQUE

La région d'étude présente un réseau hydrographique qui fait partie d'un grand bassin saharien qui est celui de Chott Melghir (fig.80). Ce dernier a une superficie totale de 26.000 km². Les oueds prennent leurs sources dans l'Atlas Saharien et les Aurès aux environs de 2000m d'altitude et s'écoulent rapidement vers le Sud, ils constituent la tête des longs oueds tributaires du bassin.

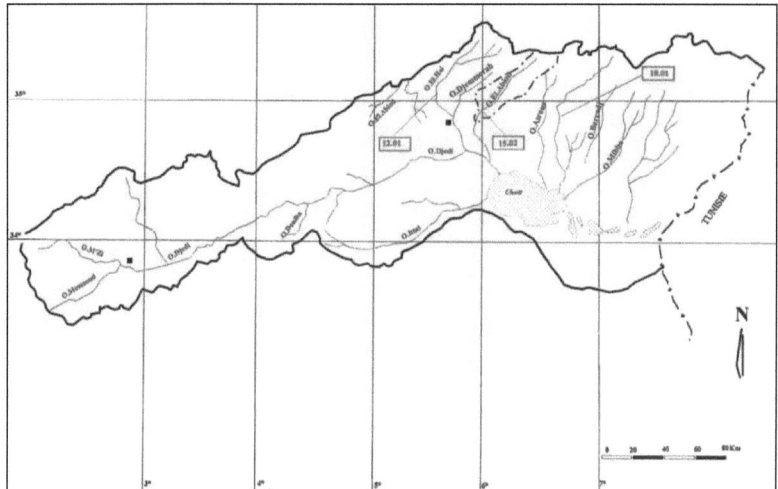

Fig.80 : Le Bassin versant de Chott Melghir

Le niveau de base de tous les oueds du versant Sud de l'Aurès est de -36m ; ils ne l'atteignent qu'à l'occasion de leurs plus grandes crues.

Oued Biskra est un oued important dans la région; son réseau hydrographique est constitué par un grand nombre d'affluents qui collectent les eaux de ruissellement du sud-ouest des Aurès. Au Nord de la ville de Biskra, l'oued est drainé par deux artères principales : l'oued Abdi et l'oued El-Hai-Biskra (fig.81).

Ainsi, le bassin versant de oued Biskra peut être subdivisé en deux sous bassins versants distincts :

* Le sous bassin de oued Abdi qui est un cours d'eau principal et qui devient à l'approche de la ville de Djemourah, oued Djamourah. Les affluents de cet oued sont principalement oued Leftah, oued El Besbes et oued Bouzina ;
* et le sous bassin versant de oued El Hai-Biskra. Celui-ci prend naissance en partie dans les monts de Belezma et a pour affluents principaux : Oued Tilatou et oued Fathala qui convergent pour former oued El Hai jusqu'à la ville d'El Outaya. Au delà de cette région l'oued prend la dénomination de oued Biskra

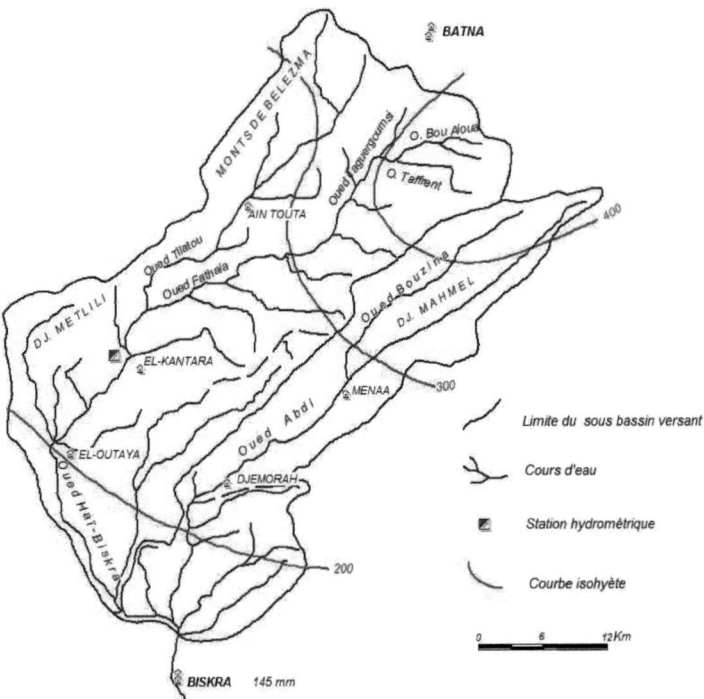

Fig.81 : Les sous-bassins versants de l'oued Abdi et oued El-Haï-Biskra

Le réseau hydrographique ainsi constitué comporte une proportion non négligeable de cours d'eau pérennes. Cependant ces oueds sont asséchés par l'évaporation, l'infiltration et les prélèvements effectués pour l'irrigation dans les vallées en amont.

Après un parcours permanent, l'oued El-Hai-Biskra débouche dans une plaine à l'altitude de 200 mètres, où il s'infiltre dans son cône de déjection. Seules, les crues atteignent Biskra, au cours desquelles l'eau est utilisée pour l'irrigation dans la plaine d'El-Outaya.

Le tableau n°26 ci-après regroupe les caractéristiques morphométriques des deux sous bassins versants :

symboles	Paramètres	Unités	Sous-bassin versant oued Abdi	Sous-bassin versant Oued El Hai
S	Superficie du bassin versant	km²	935	1170
P	Périmètre du bassin versant	km	150,5	150
h_{max}	Altitude maximale	m	2321	2138
h_{moy}	Altitude moyenne	m	1254	1209
h_{min}	Altitude minimale	m	370	520
k_c	Indice de compacité de Gravelius		1,71	1,23
L_p	Longueur du thalweg principal	km	71	66
L l	Dimensions Rectangle équivalent Longueur Largeur	 Km km	 65,31 9,26	 52,9 9,26
I_g	Indice de pente globale	%	19,6	19,6
I_p	Indice de pente de roche		0,16	0,16
D_s	Dénivelée spécifique	m	482,1	482,1
D_d	Densité de drainage	Km/km²	1,91	
C_t	Coefficient de torrentialité		11,65	

Tableau n°26 : Caractéristiques morphométriques des sous-bassins versants de l'oued Abdi et oued El-Haï-Biskra

Nous pouvons constater qu'en dehors de quelques légères différences sur le plan superficie, altitudes et indice de compacité de Gravelius, les deux bassins présentent des similitudes au niveau de toutes les caractéristiques morphométriques :

* En effet, le bassin versant de l'oued Abdi possède une superficie moins importante que celle de l'oued El Hai (935km² contre 1170km²), mais présente des altitudes légèrement plus élevées et une partie montagneuse plus développée.
* Les indices de compacité indiquent que le premier bassin est plus allongé (1.71) que le second (1.23) ; ceci peut avoir un effet sur le temps de concentration des précipitations dans le bassin versant.
* Les courbes hypsométriques établies pour les deux bassins (fig.82, fig.83) montrent qu'ils sont très comparables. Il faut remarquer que la courbe hypsométrique de la figure 8 prend en considération non seulement

l'oued Abdi mais en plus oued Besbes et oued Leftah qui sont situés dans la partie avale, avant la confluence avec oued El Hai-Biskra.

* L'oued El Haï-Biskra débouche à El Outaya dans une grande plaine où toute une fraction de son débit est détournée pour des irrigations par épandage de crue. L'oued Abdi débouche à Branis dans une zone assez plate qui se marque bien sur la courbe hypsométrique (tranche d'altitude 200 à 400).

* Les coefficients de forme et les pentes moyennes des deux bassins sont également très voisins.

* Les débits enregistrés à Biskra sont donc produits d'une part, par l'écoulement de l'oued Abdi et de ses affluents suivant un régime de montagne sauf pour la partie avale, d'autre part, par une fraction seulement du débit de l'oued El Haï-Biskra, correspondant aux crues les plus importantes qui ont dépassé El Outaya et ont rejoint la région de Biskra.

* Le lit de l'oued Biskra, plus étroit à l'amont du confluent avec l'oued Branis, montre clairement que seules les plus grosses crues dépassent la plaine d'El Outaya. En débit, elles représentent probablement une fraction tout de même importante de l'écoulement de ce bassin versant.

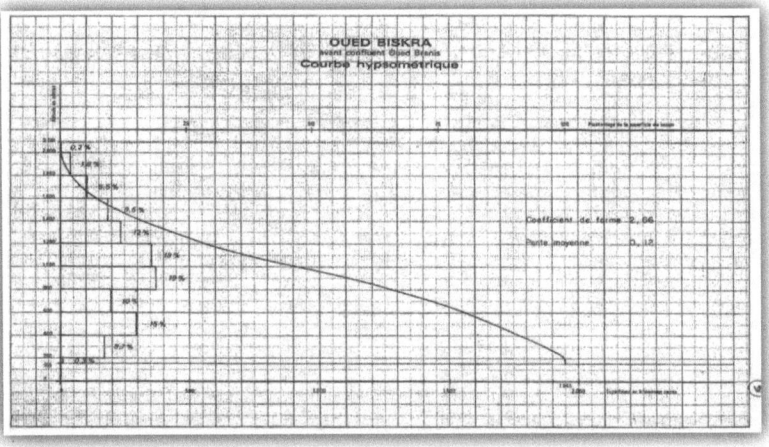

fig.82 : Courbe hypsométrique du sous-bassin versant de Oued El Haï-Biskra

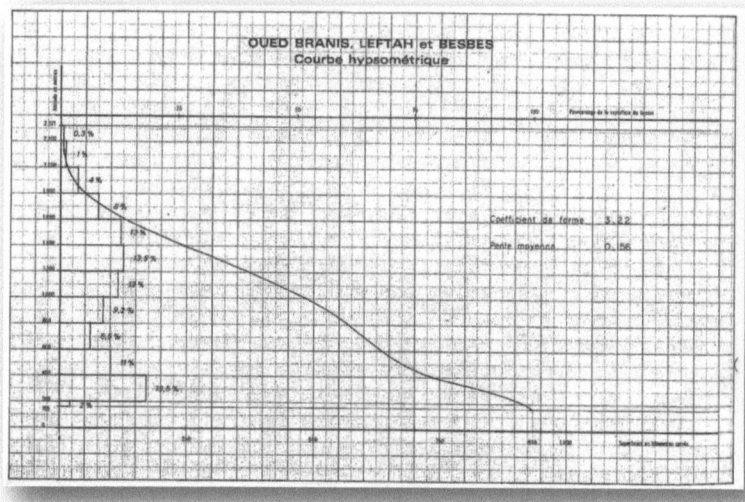

fig.83 : Courbe hypsométrique du sous-bassin versant de Oued Abdi.

3.3. LA PLUVIOMETRIE SUR LES BASSINS VERSANTS

Les précipitations et les facteurs climatiques, dans leur ensemble variables dans le temps et l'espace, permettent d'expliquer quantitativement les variations du régime hydrologique dans la région.

Dans le cadre de l'analyse des précipitations et pour donner une idée sur le régime pluviométrique du secteur d'étude et l'importance de sa variabilité dans l'alimentation des eaux souterraines, nous avons adopté les données de cinq stations pour la période de mesure allant de 1971 à 1999 (tableau n°27).

Le réseau pluviométrique du bassin versant de l'oued Abdi est représenté par les stations de Theniet El Abed, Bouzina, Menaa et Djemorah.

Concernant le bassin versant de l'oued El Haï-Biskra, nous ne disposons malheureusement que de la station pluviométrique d'El Outaya qui plus est, présente des périodes d'arrêt et de dysfonctionnement trop importantes, tel que nous l'avons déjà mentionné précédemment. En outre, les autres années n'ont pas échappé aux lacunes de mesures.

Station	Période de mesure	Coordonnées Lambert		Altitude
		X	Y	Z (m)
Theniet El Abed	1971/1999	817,80	222,20	1320
Bouzina	1971/1999	810,00	225,00	1350
Menaa	1971/1999	801,25	213,25	983
Djamourah	1971/1999	786,50	201,60	545
El Outaya	1971/1999	764,80	196,20	275

Tableau n°27 : Caractéristiques des stations pluviométriques des deux sous bassins versants

3.3.1. LES PRECIPITATIONS SUR LE BASSIN VERSANT DE OUED ABDI

Une hauteur de pluie annuelle est la somme de 365 variables aléatoires. Ces variables ne sont pas absolument indépendantes puisqu'il existe des variations cycliques (M. Roche, 1963).

❖ *Les précipitations annuelles*

La quantité des pluies annuelles que reçoit le bassin versant de oued Abdi, varie d'une station à une autre et d'une année à une autre.

En effet, nous pouvons distinguer sur la figure 84 que la pluviométrie la plus faible a été enregistrée à la station de Djemorah avec une valeur de 20.2mm durant l'année 1973/74 et que le taux le plus élevé a été enregistré à la station de Bouzina avec 450.6mm.

La répartition spatiale des précipitations indique une diminution des pluies du nord au sud. En effet, vers le sud la gamme moyenne annuelle diminue rapidement et à 20km à vol d'oiseau de la limite nord, on passe de 400-500 mm/an à 100-200 mm/an. Le gradient de décroissance est élevé, il est d'environ 15mm/km ; l'altitude étant plus importante au nord.

Il faut remarquer que l'année 1995/1996 a été l'année la plus pluvieuse pour l'ensemble des stations.

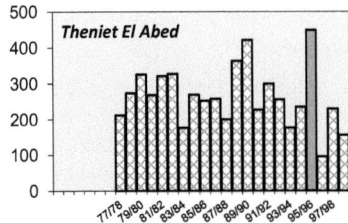
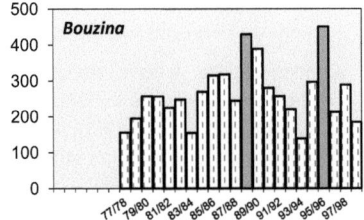

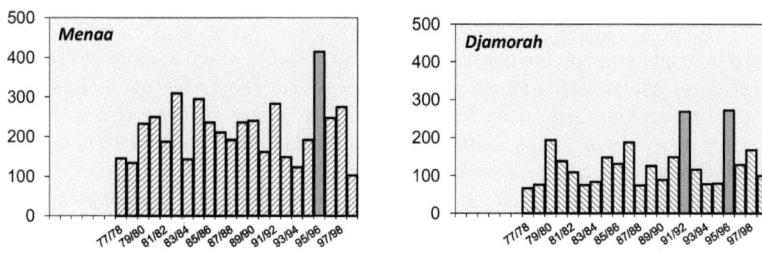

fig.84 : Variation des précipitations annuelles aux stations du bassin versant de oued Abdi (1977-98)

❖ <u>La répartition des pluies mensuelles et saisonnières</u>

* <u>La pluviométrie moyenne mensuelle</u>

Sur la figure 85 est représentée la répartition de la pluviométrie moyenne mensuelle. On y observe deux maximas pour chaque station :
- Septembre et Avril pour Theniet el Abed et Bouzina
- Mars et Septembre pour Menaa
- Février et Avril pour Djemorah

Le mois de Juillet reste le mois le plus sec de l'année pour toutes les stations.

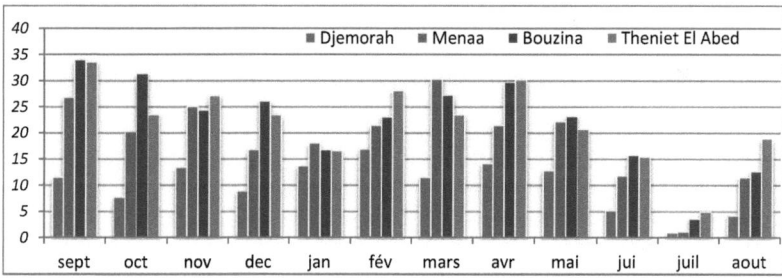

fig.85 : Les précipitations moyennes mensuelles dans les différentes stations

* <u>Les précipitations saisonnières</u>

L'étude de ce paramètre, nous permet de voir comment s'organisent les précipitations dans le temps, ceci à travers la distribution saisonnière et le régime pluviométrique des stations.

La figure 86 montre la répartition de la pluie par saison en pourcentage de la pluviosité totale annuelle pour les quatre stations. Elle permet de mettre évidence l'existence de deux zones :

- La première représentée par les stations de Theniet el Abed, Bouzina et Menaa et où l'automne est la saison la plus pluvieuse sur l'ensemble de la région. Il tombe en moyenne pendant cette saison 32% de la pluie annuelle. Le printemps est la deuxième saison, la hauteur moyenne de pluie reçue pendant cette saison représente de 29 à 32% de la moyenne annuelle.
- La seconde représentée par la station de Djemourah où le printemps est la saison la plus pluvieuse bien avant l'hiver.

L'été est la saison la moins pluvieuse et représente 7 à 13% de la pluviosité annuelle pour les quatre stations.

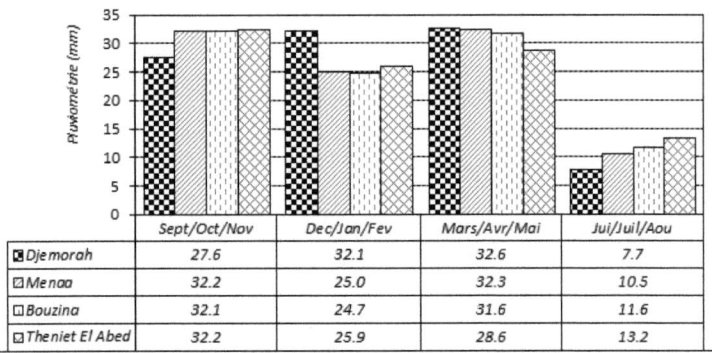

fig.86 : Répartition saisonnière des précipitations

❖ *Le régime pluviométrique des stations*

Pour distinguer les mois pluvieux des mois non pluvieux, on se réfère au coefficient pluviométrique (en %) d'une précipitation moyenne mensuelle fictive égale au $1/12$ du module pluviométrique annuel. Un mois est considéré comme pluvieux, si sa moyenne est supérieure à 8,3 %. Dans le cas contraire, il est non pluvieux ; tel que le montre le tableau n°28 ci-après.

La traduction des moyennes mensuelles en valeurs relatives, ou coefficient pluviométrique, permet de distinguer les mois pluvieux et les mois non pluvieux. Si on considère la valeur de 8,3% comme médiane des séries, on remarque (fig.87) que les mois sont ordonnés en saison pluvieuse et saison non pluvieuse sauf certaines exceptions:

- les mois pluvieux pour les stations de Thenier El Abed, Bouzina et Menaa sont de septembre à décembre puis de février à mai. Le maximum se distingue au mois de septembre avec respectivement 12.5% et 13%.

- La station de Djemorah est caractérisée par une saison pluvieuse de Janvier à Mai, avec le mois de Février comme étant le mois le plus pluvieux (13.6%).
- La station de Menaa qui se trouve sur les plans altimétrique et géographique entre les deux zones précédentes possède un comportement mixte.

Le cycle non pluvieux reste bien sur la saison estivale.

	Sept	Oct	Nov	Dec	Jan	Fév	Mar	Avr	Mai	Jun	Jul	Aou
Djamorah	9,70	6,88	11,00	7,16	11,30	**13,61**	9,53	12,59	10,53	3,56	0,86	3,28
Menaa	11,64	9,31	11,23	7,58	8,32	9,07	**12,76**	9,80	9,73	4,80	0,54	5,21
Bouzina	**13,16**	9,77	9,16	9,47	6,40	8,84	10,80	11,06	9,79	5,71	1,33	4,51
Theniet El Abed	**12,59**	9,33	10,32	9,51	6,48	9,90	8,75	11,89	8,00	5,25	1,46	6,51

Tableau n°28 : Coefficients pluviométriques annuels (en %) des stations du sous bassin de l'oued Abdi

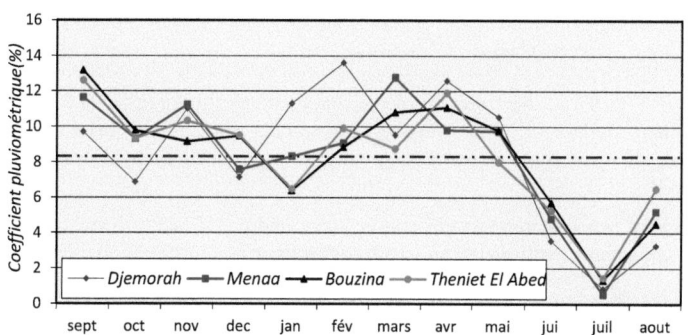

fig.87: Variation des coefficients pluviométriques aux stations du bassin de l'oued Abdi

❖ *Détermination de lame précipitée moyenne*

La lame précipitée moyenne (calculée par la méthode arithmétique) est de 219mm. Cette valeur, rapportée à la surface du bassin versant qui est de 935 km², donne un volume moyen de 20.48 hm³.

3.3.2. LES PRECIPITATIONS SUR LE BASSIN VERSANT DE OUED EL HAI

En dehors de la station d'El Outaya, aucune autre donnée relative au bassin versant de oued El Hai n'est disponible. Les relevés à la station d'El Outaya sont inexploitables à l'état brut. Les séries d'observations comportent beaucoup de lacunes et une analyse statistique par régression linéaire et double cumul a été tentée afin de corriger certaines valeurs et combler les lacunes existantes. La station de Biskra a été prise comme poste de référence.

Comme énoncé auparavant (première partie), le coefficient de corrélation de la droite de régression obtenue, est égal à la valeur de 0.43 qui correspond à une corrélation non significative. Par conséquent, les résultats du comblement des lacunes et de la correction des mesures ne seront pas représentatifs et resteront inexploitables.

Effectivement, les valeurs ainsi comblées ont donné une série avec des variations interannuelles très importantes et une pluviosité moyenne annuelle de 114.5 mm.

Nous considérerons donc les résultats obtenus lors de l'analyse des précipitations dans la première partie et nous affecterons par conséquent au sous bassin versant de oued El Haï-Biskra, la moyenne des précipitations annuelles de la station de Biskra qui est de 144 mm, bien que la pluie à Biskra ne représente pas la pluviométrie du bassin versant de l'oued vu sa position géographique et altimétrique.

Ramenée à la superficie totale du sous bassin, nous obtenons donc un volume minimal de 16.85 hm^3.

3.4. LES ECOULEMENTS

3.4.1. *INTRODUCTION*

A l'image d'un climat capricieux, les cours d'eau alimentant la région de Biskra ont un écoulement périodique très irrégulier. Les oueds les plus importants prennent naissance dans les Aurès (versant Sud), où les précipitations sont de l'ordre de 400 à 500 mm/an.

L'irrégularité des écoulements des oueds, accentuée par la faiblesse (sinon l'absence) d'un équipement hydrométrique, rend extrêmement difficile la quantification des écoulements à différents niveaux des oueds.

En effet, les moyens dont nous disposons sont malheureusement très limités. Nous citerons à titre d'exemple la faiblesse des relevés hydrométriques, notamment sur l'oued Biskra (station d'El Melaga), à la confluence des deux oueds, nécessaire à toute étude hydrologique.

Les données obtenues le sont grâce aux stations limnimétriques situées en amont sur l'oued-El Haï à El Kantara et sur l'oued Abdi à Djemorah (tableau n°29). Mais elles seront évidemment loin d'être précises. Celles-ci constituent une approche des ressources disponibles.

Station	Période (1)	Nombre d'année	Superficie (km²)
El Kantara	1968-1978	10	1170
	1988-1993	5	
Djemorah	1971-1978	6	935
	1988-1993	5	
El Melaga	1972-1985	12	2880

Tableau n°29 : Stations hydrométriques des sous bassins versants étudiés

3.4.2. La station d'El Kantara

La variabilité annuelle des débits est la même que celle des pluies, elle est matérialisée par la succession des années humides et des années sèches (fig.88). Nous pouvons remarquer aussi que la notion de débit moyen annuel n'a qu'une signification théorique puisque les eaux superficielles sont soumises à de très fortes variations saisonnières, Les valeurs extrêmes sont le plus souvent observées en automne au mois d'octobre-novembre et au printemps au mois de mars-avril.

Concernant la première période d'observation (1968-78), l'oued El Haï, ainsi que ses affluents, a écoulé à la station d'El Kantara un débit moyen égal à **0,62 m^3/s** ; soit 20 hm^3/an sur une aire de réception de 1170 km^2.

Pendant cette période, le débit maximum était de 17,52 m^3/s en l'année 1969-70 pour des précipitations de 492,11 mm ; le débit minimum de 2,51 m^3/s en l'année 1977-78 pour une pluviosité de 70,44mm.

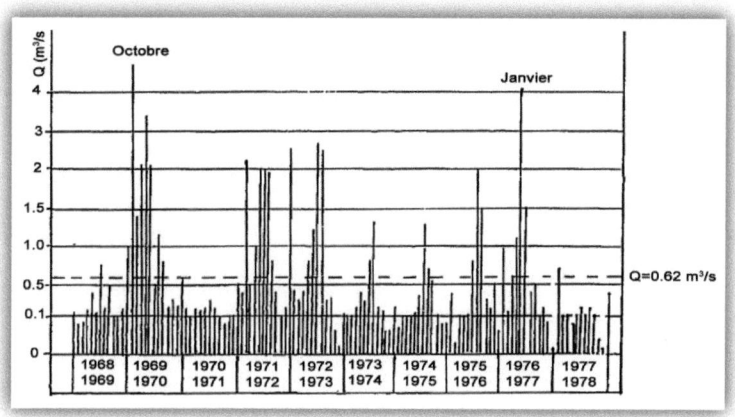

fig.88 : Débits mensuels mesurés à la station d'El Kantara (période 1968-78)

La deuxième période d'observation qui est de 1988 à 1993 (fig.89), montre clairement que nous sommes en présence d'une période sèche puisque les débits mesurés ne dépassent que très rarement 0.5 m^3/s. Les valeurs les plus élevées sont enregistrées au mois de mars 1989 et au mois de novembre 1990 et sont respectivement de 2.17 m^3/s et 1.69 m^3/s. Le débit moyen est de **0.158 m^3/s**.

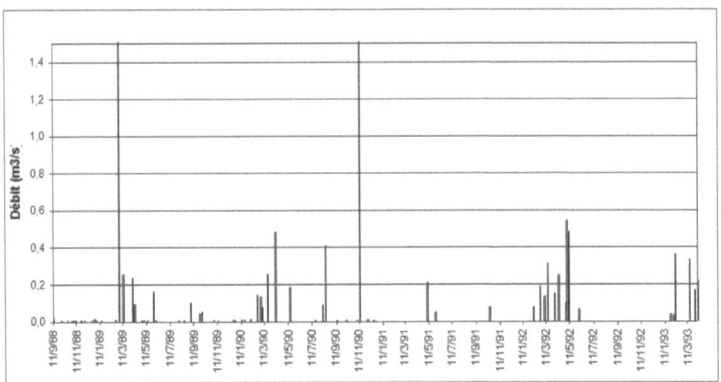

fig.89 : Débits mensuels mesurés à la station d'El Kantara (période 1988-93)

3.4.3. LA STATION DE DJEMORAH

L'exploitation des relevés effectués à la station de Djemorah au cours de la période 1971-78 fournit un débit moyen de **0.68 m^3/s** ; valeur très comparable à celle déterminée sur le sous bassin versant de l'oued El Haï.

Néanmoins, nous constatons qu'au cours de cette période, l'oued Abdi a connu deux valeurs de débits extrêmes ; la première de 55.8 m^3/s le 04 /11/1972 et la deuxième de 15.1 m^3/s le 30/11/ 1972 (fig.90). Cependant, le sous bassin versant d'El Kantara n'a pas enregistré de débits équivalents puisque les relevés n'ont pas dépassé 3 m^3/s durant les même mois.

En considérant que ces débits extrêmes proviennent de pluies orageuses locales, leur prise en considération donne un débit moyen de **1.2 m^3/s**.

La période 1988-1993 (fig.91) quant à elle, présente trois événements extrêmes ; le premier le 25 mai 1989, le deuxième le 11 novembre 1990 et le troisième le 7 novembre 1992 avec respectivement 3.12, 2.77 et 5.69m^3/s. Les autres valeurs ne dépassent guère 1m^3/s. Ces valeurs démontrent encore une fois l'influence et l'importance des précipitations orageuses de l'automne et du printemps sur les eaux de surface.

Le débit moyen y est très faible, il de l'ordre de 0.307 m^3/s dénotant une période sèche.

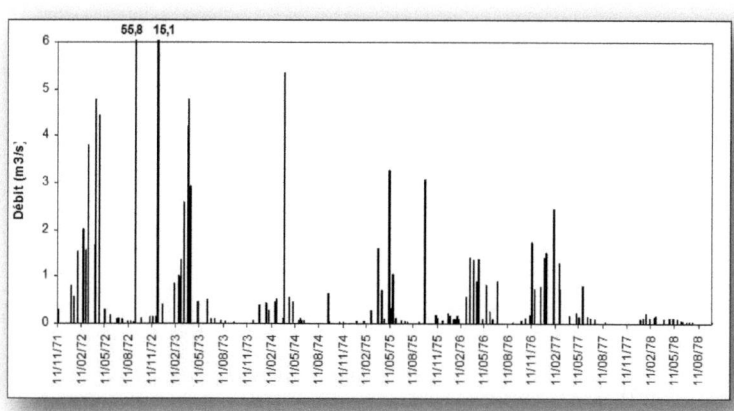

fig.90 : Débits mensuels mesurés à la station de Djemorah (période 1971-78)

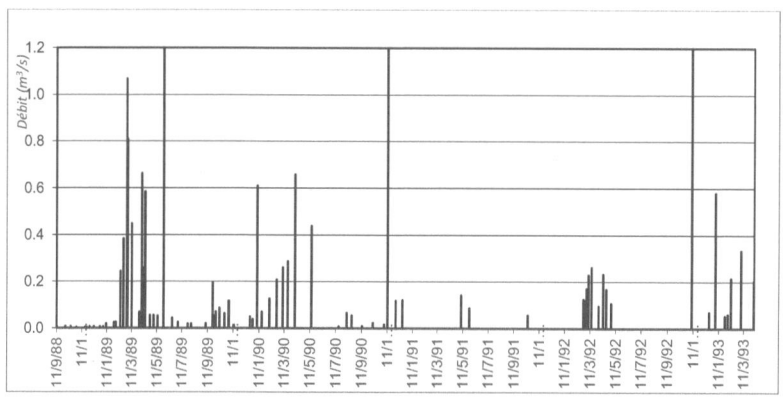

fig.91 : Débits mensuels mesurés à la station de Djemorah (période 1988-93)

A partir de la superposition du graphique des précipitations moyennes mensuelles sur le sous bassin versant de l'oued Abdi et du graphe des variations des débits moyens mensuels à la station de Djemorah (fig.92), nous avons tenté de déceler une éventuelle interdépendance entre ces deux éléments. Nous constatons que cette relation n'est pas tellement évidente et les débits à l'exutoire ne dépendent pas uniquement des précipitations.

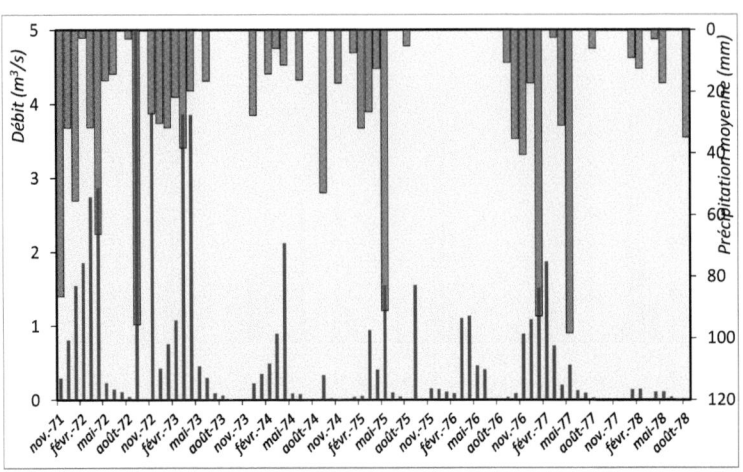

fig.92 : Variation des débits moyens mensuels à la station de Djemorah et des précipitations moyennes mensuelles sur le bassin versant de l'oued Abdi

3.4.4. ETUDE COMPARATIVE DJEMORAH-EL KANTARA

Les variations spatiales de l'écoulement superficiel, à l'échelle des bassins hydrologiques, peuvent être mieux caractérisées par les débits spécifiques. Ces derniers permettent de comparer des bassins d'étendues différentes et synthétisent au mieux l'interaction des divers facteurs du bassin versant (morphologiques, géologiques, climatiques...) à l'échelle annuelle.

Période 1967-78

L'oued El-Kantara a un débit spécifique de 0,52 l/s/km². Par contre, l'oued Abdi a un débit spécifique de 0.72 l/s/km². Cette différence doit être à notre avis beaucoup plus importante puisque les pluies torrentielles de 1969 ne sont pas comprises dans la période 1971-1978, ainsi les débits correspondants ne sont pas comptabilisés (tableau n°30).

Station	Période	Superficie (km²)	Apports hm³	Débit Q (m³/s)	Débit spécifique (l/s/km²)
El Kantara	1968-1978	1170	19.6	0.62	0.53
Djemorah	1971-1978	935	21.4	0.68	0.73
			37.8	1.20*	1.28

Tableau n°30 : Tableau comparatif des débits des deux stations hydrométriques. Période 1967-78

Période 1988-93

Les valeurs déterminées pour cette période sèche, montrent bien (tableau n°31) que le débit spécifique de l'oued Abdi est nettement plus important que celui d'El Kantara (le double).

Station	Période	Superficie (km²)	Apports hm³	Débit Q (m³/s)	Débit spécifique (l/s/km²)
El Kantara	1988-1993	1170	5.1	0.16	0.14
Djemorah	1988-1993	935	9.8	0.31	0.33

Tableau n°31 : Tableau comparatif des débits des deux stations hydrométriques. Période 1988-93

Afin de confirmer les valeurs des débits spécifiques obtenues et d'attester de la colinéarité de variation des débits des deux oueds, nous avons regroupé les valeurs synchrones des débits des deux stations hydrométriques sur le graphe de corrélation ci-dessous (fig.93), où la similitude dans la variation des débits est très nette. La droite de corrélation avec un coefficient de détermination de 0.66, confirme cette colinéarité (fig.94).

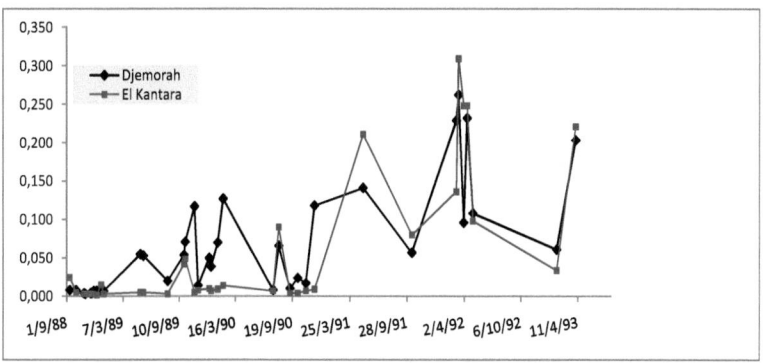

fig.93 : Variation des débits synchrones à la station de Djemorah et la station d'El Kantara

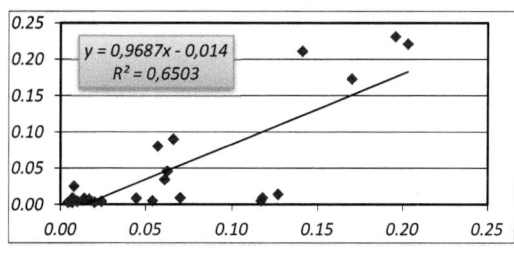

fig. 94 : Corrélation entre les débits aux stations de Djemorah et d'El Kantara (Période 1988-1993)

Il apparaît par conséquent que la part de contribution du bassin de l'oued Abdi est nettement plus importante que celle du sous bassin de l'oued El Haï.

3.4.5. LA STATION D'EL MELAGA

A partir des données de la station hydrométrique d'El Melaga, nous avons essayé de confirmer les rapports qui existent entre les deux sous bassins qui alimentent l'oued Biskra.

En effet, la station d'El Melaga est située juste après les exutoires des deux sous bassins de l'oued Abdi à l'est et l'oued El Hai-Biskra au nord-ouest (fig.95), elle devrait logiquement présenter les débits écoulés à partir des deux sous bassins versants.

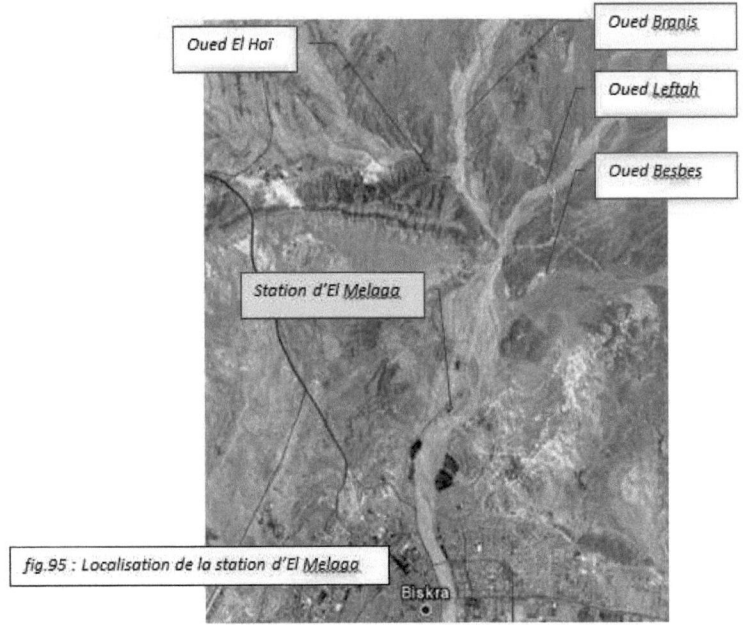

fig.95 : Localisation de la station d'El Melaga

Ce poste hydrométrique possède, malheureusement, très peu de données pour une période de plus de douze ans (01/12/72 au 30/03/85) et l'on note la présence de longs intervalles de lacunes d'observation (annexes). En outre, les dates des relevés ne correspondent pas avec celles des autres stations.

Les irrégularités inter-mensuelle et interannuelle de la lame d'eau écoulée sont bien visibles sur la figure 96, où les débits varient de 0.042 m^3/s à 5.92 m^3/s. Il est à remarquer que la série des données ne comporte pas de valeurs extrêmes comme dans le cas des stations précédentes. Ainsi, le débit moyen pour la période de mesure peut être estimé à ***1.12 m^3/s***.

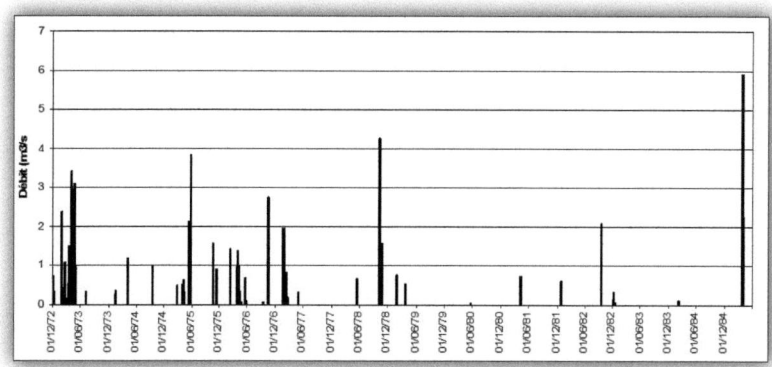

fig.96 : Variation des débits à la station d'El Melaga (Période 1972-85)

Cette valeur du débit à la station d'El Melaga qui correspond à « l'exutoire des deux sous bassins réunis» montre bien que ce n'est pas tous les volumes écoulés qui arrivent à l'oued Biskra. Il y a bien une perte de transmission et une déperdition des débits.

4. CONCLUSION

Comme nous l'avons déjà indiqué auparavant, l'oued El Hai débouche à El Outaya dans une grande plaine où un système d'épandage de crue distrait une part de l'écoulement (fig.97). En outre, lors de la traversée de la plaine, une part de l'eau s'infiltre dans les formations quaternaires, si bien que le lit de l'oued devient plus étroit à l'amont de la confluence avec l'oued Abdi : la largeur moyenne de celui-ci n'est que de 40 mètres contre 400 mètres pour oued Branis à la même latitude (fig.98).

Ceci montre clairement que seules les plus grosses crues arrivent à l'oued Biskra et s'ajoutent aux écoulements provenant du sous bassin hydrographique de l'oued Abdi qui lui, représente la plus grosse part d'alimentation de la plaine alluviale.

*Nous pouvons ainsi conclure que la construction du barrage de « Fontaine des gazelles » et l'emmagasinement de la quasi-totalité des eaux de surface de oued El Haï **n'a pas un impact important** sur la réalimentation et le fonctionnement hydrogéologique de l'aquifère alluvionnaire de oued Biskra ; celui-ci étant principalement alimenté par les écoulements des oueds du sous bassin hydrographique de oued Abdi.*

En l'absence de mesures fiables sur une longue période des débits des oueds, nous ne pouvons avancer des chiffres précisant la part de contribution de chaque oued. Néanmoins, nous estimons qu'il est fort probable que la contribution du bassin versant de oued Abdi soit nettement plus importante que celle de oued El Hai-Biskra.

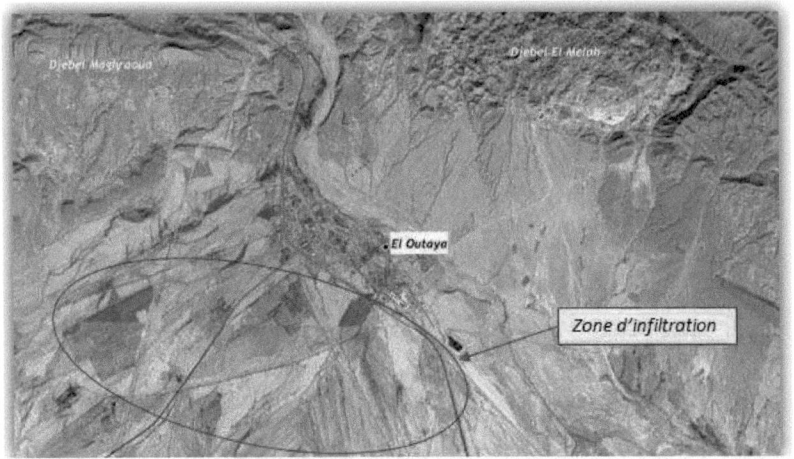

fig.97 : L'oued El Haï au niveau d'El Outaya

Notons :
- ✓ l'important réseau d'épandage des crues qui est visible sur la carte et qui atteste d'une capacité d'infiltration importante.
- ✓ La largeur (L) du lit de l'oued qui mesure, à ce niveau, plus de 700m.

Fig.98 : L'oued El Haï à la confluence avec oued Branis

CONCLUSION GENERALE

1. SUR LE PLAN THEMATIQUE

La compilation des données géologiques et tectoniques et la mise en évidence de l'hétérogénéité lithostratigraphique ont confirmé la complexité hydrogéologique de la zone étudiée. En dépit de cette complexité, la compréhension du fonctionnement des principaux aquifères de la région a été cernée grâce aux recoupements des différents résultats obtenus par la combinaison des différentes techniques d'étude.

Dans cette perspective, nous avons essayé à travers une approche conjuguée des techniques de géologie, de géophysique, d'hydrogéologie et d'hydrochimie, de comprendre le comportement hydrogéologique de cette région. Il s'agit notamment de la configuration des systèmes aquifères, de leurs modalités de recharge ainsi que de leurs caractéristiques hydrodynamiques et hydrochimiques. Il en ressort les conclusions suivantes :

* *La plaine d'El Outaya* fait partie d'une zone de transition topographique, structurale et sédimentaire entre l'Atlas Saharien surélevé au nord et le Sahara, pays effondré au sud. Elle se développe sur les rives de l'oued El Haï qui draine les eaux du versant sud-ouest des monts de l'Aurès, sur une superficie de 1293 km².

* L'étude hydroclimatologique a permis d'attribuer à la plaine d'El Outaya un climat aride avec des tendances franchement sahariennes, caractérisé par des mois pluvieux et tempérés en hiver et des mois secs et chauds en été. La température moyenne annuelle est de 21.7°C et les précipitations sont d'origine orographique avec une moyenne annuelle de 144mm pour la période allant de 1976 à 2008. La totalité de ces précipitations est reprise par l'évaporation, ce qui attribue à la plaine une période sèche couvrant toute l'année hydrologique. De ce fait, la tentative d'un bilan hydrique a permis de montrer les limites des méthodes classiques utilisées (méthodes de Thornthwaite, Turc, Serra, ...etc.).

En effet, les résultats obtenus à partir de ces méthodes font apparaître un déséquilibre important entre la pluviométrie et l'évaporation, en défaveur de l'infiltration et de l'écoulement. Il est donc nécessaire d'estimer ces derniers paramètres par d'autres méthodes, notamment à partir de l'analyse quantitative des différents facteurs régissant ces mécanismes ou bien encore à partir du dépouillement des pluviogrammes (quand ils sont disponibles) lors des précipitations de forte intensité qui peuvent contribuer à l'alimentation des nappes souterraines dans ces régions arides. Ce déséquilibre constaté montre la nécessité d'une irrigation importante de l'agriculture dans la plaine.

* Du point de vue géologique, la région d'El Outaya occupe un vaste synclinal post-miocène affecté de rides anticlinales mineures et se présente comme un empilement sous forme de lentilles argilo-sableuses remplissant une cuvette légèrement allongée d'est en ouest. Il s'agit d'un bassin d'effondrement à remplissage mio-plio-quaternaire, qui peut atteindre plusieurs centaines de mètres dans la partie centrale de la plaine, constitué de formations gréseuses et argileuses, de marnes et de calcaires. Les terrains nummulitiques sont bien développés et sont formés de calcaires fissurés associés à des marnes et des argiles gypseuses. Les formations néogènes affleurent surtout au nord de la plaine et sont représentées par des calcaires et des calcaires marneux à la base, de conglomérats, grès, sables et marnes au sommet.

* La réinterprétation des données de la prospection électrique, a permis de mettre en évidence des formations très résistantes de 100 à 400 Ωm, correspondant d'une part aux éboulis, galets, poudingues du recouvrement mio-pliocène, et d'autres part aux intercalations de calcaires et de gypse de l'Eocène moyen et les calcaires et dolomies du substratum (Eocène inférieur-Crétacé) considéré comme l'horizon le plus aquifère de la région. Des terrains moyennement résistants variant entre 30 et 60 Ωm qui caractérisent les calcaires crayeux et marneux du substratum et enfin des niveaux conducteurs marneux et sablo-argileux salés, pour des valeurs de résistivités de 0.5 à 10 Ωm.

* En résumé, la valeur synclinale de la plaine, ainsi que l'analyse lithologique et géophysique, ont permis d'identifier trois nappes différentes :

Unités stratigraphiques	Unités lithologiques	Unités lithostartigraphiques	Unités hydrogéologiques	
Quaternaire	Conglomérats, galets, graviers et sables	Quaternaire alluvionnaire	Nappe alluviale	
Mio-Pliocène	Alternances d'argiles et sables	Continental terminal	Nappes des sables	Nappe du Complexe Terminal
Eocène moyen	Argiles gypseuses	Eocène argilo-évaporitique	Semi perméable	
Eocène inférieur	Calcaire et argiles	Eocène carbonaté	Nappe des calcaires	
Sénonien supérieur Maestrichtien Campanien	Calcaires	Sénonien carbonaté		
Sénonien inférieur	Argiles, gypses	Sénonien lagunaire		

* La carte piézométrique établie a permis de mettre en évidence un écoulement général des eaux souterraines du nord vers le sud. Les zones d'alimentation se localisent dans la partie nord-ouest (djebel Moddiane et djebel Maghraoua) et dans la partie est représentée par les poudingues grossiers du Pliocène.

* Les transmissivités varient entre 10^{-2} et $10^{-3} m^2/s$ pour la nappe du Mio-Pliocène et celle des calcaires respectivement; les perméabilités varient entre 10^{-4} et $10^{-5} m/s$ attestant d'une perméabilité moyenne à médiocre, traduisant ainsi l'hétérogénéité des formations constituant la plaine.

* L'étude hydrochimique a révélé une forte minéralisation des eaux souterraines, due à la présence de formations gypseuses et argileuses, ce qui a provoqué des concentrations très élevées en certains éléments, notamment les chlorures, le sodium et les sulfates.

En plus de la concentration des sels en surface par évaporation intense, l'origine des fortes teneurs observées dans les eaux souterraines de la région d'El Outaya est due notamment à la dissolution des évaporites des formations aquifères ; phénomène lié principalement à la nature minéralogique des réservoirs. Ces conclusions sont corroborées par la géologie de la région.

* *La nappe alluviale de l'oued Biskra* se développe sur une superficie de 5km² et une épaisseur moyenne de 20m. Sa forme a été façonnée par l'écoulement de l'oued Biskra creusé dans les marnes imperméables du Miocène et remblayé par des dépôts alluvionnaires du Quaternaire moyen et récent formés essentiellement de galets, graviers, cailloutis et sables.

* Ce réservoir se répartit en deux parties distinctes : Une vaste zone d'épandage à l'amont, constituant la partie la plus importante du réservoir ; cette zone présente des transmissivités élevées ($6.10^{-2} m^2/s$). A l'aval, le lit de l'oued se rétrécit au niveau de la cluse miocène dans lesquelles sont implantés les forages d'exploitation ; cette partie est l'exutoire naturel de la partie amont.

* La réalimentation de la nappe des alluvions de l'oued Biskra semble provenir de deux origines. D'une part, une alimentation superficielle par des apports pluviométriques où l'on enregistre entre 150 et 200 mm/an. D'autre part, des apports considérables amenés en amont par l'oued en période de crue qui traverse la couverture limoneuse peu épaisse et s'infiltre pour atteindre la nappe phréatique.

Quant à l'hypothèse d'un apport profond à partir des calcaires du Maestrichtien ou bien encore du Turonien, à la faveur d'une faille probable dans le substratum miocène argileux, aucune preuve tangible n'est venue la corroborer ou l'infirmer, bien que plusieurs arguments militent en sa défaveur. Il serait intéressant de procéder à une étude géochimique et isotopique détaillée afin de lever cette équivoque.

* *L'analyse environnementale* a concerné l'impact de la réalisation du barrage de « Fontaine des Gazelles » sur le fonctionnement hydrogéologique de la nappe alluviale. L'analyse hydrologique des sous bassins versants de l'oued Biskra a permis de vérifier que les volumes écoulés arrivant à l'oued Biskra sont nettement inférieurs aux apports annuels des sous bassins versants de l'oued Abdi et oued El Haï-Biskra. Il y a bien une perte de transmission et une déperdition des débits essentiellement au niveau de la plaine d'El Outaya. En effet, la morphologie de la plaine (faible pente et existence d'un

système d'épandage) et la diminution de la largeur du lit de l'oued, confirment cette perte de transmission.

Il en ressort que l'impact du barrage de « Fontaine des gazelles » reste modéré et n'a pas un effet important sur la recharge et le fonctionnement hydrogéologique de l'aquifère alluvionnaire de oued Biskra. Les effets sur cette nappe restent tout à fait acceptables et n'entraîneraient pas à priori des conséquences néfastes pour la pérennité de l'exploitation de ces ressources ; cette nappe étant principalement alimentée par les écoulements des oueds du sous bassin hydrographique de oued Abdi.

Nous ne pouvons malheureusement quantifier la part de contribution de chaque sous bassin, faute de mesures fiables sur une longue période. Nous estimons néanmoins, que l'apport du bassin versant de l'oued Abdi est nettement plus important que celui de l'oued El Hai-Biskra.

2. SUR LE PLAN METHODOLOGIQUE

La seconde partie de cet ouvrage est consacrée aux concepts régissant la distribution spatiale de l'infiltration. L'objectif principal était de proposer une nouvelle méthodologie permettant de réfléchir sur la manière de produire des cartes de l'infiltration potentielle des aquifères. Nous avons adopté l'approche « cartographique », qui considère le processus d'infiltration comme étant le résultat d'une interaction de plusieurs facteurs du milieu (matériau, topographie, réseau hydrographique, couverture végétale, etc.) dont la distribution spatiale est le fruit d'une organisation dans l'espace et le temps.

D'après cette approche, il a été possible d'établir une cartographie de « l'infiltrabilité » autrement que par les méthodes classiques longues et coûteuses, en exploitant au mieux les facteurs régissant ce processus.

Ainsi, disposant d'informations brutes (couverture végétale, topographique géologique, sol, hydrographie) couvrant la zone d'étude, nous avons dressé une carte thématique pour chacune des couches d'informations et nous avons étudié les organisations qu'elles ont les unes avec les autres. Nous les avons par la suite, associé au phénomène d'infiltration, et prédéfini ainsi à travers un modèle très simple une carte de zonation de l'infiltration potentielle renseignée par les différentes unités ainsi que leur pourcentage de surface.

Ce travail a permis la classification de la zone d'étude (plaine d'El Outaya) en cinq niveaux descriptifs quant au taux de recharge, révélant un zoning des valeurs allant de 0.25% à 16.25% des précipitations et permettant ainsi une recharge globale de 30mm/an.

Néanmoins, cette approche reste une proposition d'analyse spatiale qui devrait être confirmée par des mesures de terrain avant de pouvoir être utilisée dans le cadre de prises de décisions. Une validation plus rigoureuse impliquerait des mesures en différents points et une quantification de l'effet des paramètres. La validation pourrait aussi conduire à définir de nouveaux critères ou à en modifier les pondérations affectées.

Nous ne saurions assez insister sur le caractère hypothétique de tous les résultats et chiffres obtenus, basés sur des données très imprécises, dont nous étions obligés de nous contenter dans l'état actuel des connaissances.

BIBLIOGRAPHIE

AIDAOUI, S. (1994) : *Ressource en eau et aménagement hydro agricole dans la région de Biskra*. Thèse de Doctorat, Université de Nancy II, Laboratoire de géographie physique

A.N.R.H. (1993) : *Carte Pluviométrique de l'Algérie du Nord à l'échelle 1/500000*. Agence Nationale des Ressources Hydriques. Ministère de l'Equipement. Ed. I.N.C, Alger. 1993

AOUCHA, A. ; LOUNES, M.D. (1998) : *Contribution à l'étude hydrogéologique de la plaine d'El Outaya (Biskra)*. Mem. Ing. IST, USTHB.

ASCE (1996): *Hydrology Handbook, Second edition*. ASCE American Society of Civil Engineers manuals and reports on engineering practice n°28.

BABA-HAMED, K. & BOUANANI, A.(2004) : *Echantillonnage des eaux souterraines, mesures et analyses de terrain: Assurance qualité et contrôle de la qualité*. Symposium International : Qualité et Maintenance au Service de l'Entreprise. QUALIMA01 - Tlemcen.

BALLAIS, J.L. (2010) : *Des oueds mythiques aux rivières artificielles : l'hydrographie du Bas Sahara algérien*. Rev. Physio-Géo. Volume 4/2010, p 107-127.

BARKER, J.A. (1988): *A generalized radial flow model for hydraulic tests in fractured rock*. Water Resources Research, vol. 24, n°. 10, pp. 1796-1804.

BAXTER, E.V et al. (1990): *Finite element watershed modeling: One-dimensional elements*. Journal of water resources planning and management, Vol. 116, N° 6, November.

BAXTER, E.V. (1988): *Finite Element Analysis of Hydrologic Response Areas Using Geographic Information Systems*. Ph.D. Thesis, Michigan State University, 1 99p.

BEAR, J. (2005): *Management of a Coastal Aquifer*. Ground Water, Volume 42, Issue 3, p 317

BEAR, J., (1979): *Hydraulics of groundwater*. Mc Graw Hill Series in Water Resources and Environmental Engineering.

BEAR, J., (1972): *Dynamics of fluids in porous media*. American Elsevier, New York.

BEAUHEIM, R.L.; ROBERTS, R.M.; AVIS, J.D. (2004) : *Well testing in fractured media: flow dimensions and diagnostic plots*. J. Hydraul. Res., 42, 69-76.

BEN AMMAR, S. ; ZOUARI, K. ; LEDUC, C. ; M'BAREK, J. (2006) : *Caractérisation isotopique de la relation barrage–nappe dans le bassin du Merguellil (Plaine de Kairouan, Tunisie centrale)*. Hydrological Sciences Journal, 51(2) avril 2006

BENBLIDIA, M. ; THIVET, G. (2010) Plan Bleu: *Gestion des ressources en eau : les limites d'une politique de l'offre*. Les Notes d'analyse du CIHEAM n° 58 – Ma i 2010

BLANDFORD, G.E. ; MEADOWS, M.E. (1990): *Finite element simulation of nonlinear kinematic surface runoff.* J. Hydrol., 1 19: 335-356.

BNEDER (2005) : *Carte du couvert végétal et occupation du sol de la plaine d'El Outaya.* Ech. 1/50000. Bureau National Etudes pour le Développement Rural, Spa ; Alger

BOURDET, D. (2002): *Well Test Analysis, Handbook of Petroleum Exploration and Production, 3.* Elsevier Science Ltd.

BOUZIANE, M.T. ; LABADI, A. (2009) : *Les Eaux Profondes de la Région de Biskra (Algérie)* European Journal of Scientific Research. ISSN 1450-216X Vol.25 No.4 (2009), pp.526-537

BRINIS, N. ; BOUDOUKHA , A. ; DJABRI, L. ; MANIA, J.(2009) : *La salinité des eaux souterraines de la zone est de la plained'El Outaya (Région de Biskra, Algérie).* Bulletin du Service Géologique National Volume 20, n°1

BRINIS, N. (2003) : *Essai d'explication de la salinité des eaux de la nappe du Mio-Pliocène : cas de la zone est de la plaine d'El Outaya.* Thèse Magister hydrochimie ; UBM Annaba Algérie.

BURMAN, R.D. (1 969): *Plot runoff using kinematic wave theory and parameter optimization.* Ph.D. Dissertation, Cornel University, Ithaca, New York.

CASTANY, G. (1982): *Principes et méthodes de l'hydrogéologie.* Editions Dunod Paris

CGG (1971) : *prospection géophysique dans la plaine d'El Outaya.* (ANRH, Alger).

CHABOUR, N. (1981) : *Etude hydrogéologique des nappes superposées dans la région d'Ouled Djellal.* Mém. Ing. IST, USTHB.

CHAPUIS, R.P. (2009): *Interpreting Slug Tests With Large Data Sets.* Geotechnical Testing Journal, 32(2), p. 139-146.

CHAPUIS, R.P. (2007): *Filtering and Dampening Surface Water Waves for Groundwater Seepage Studies.* Geotechnical News, 25(1), p. 46-48.

CHOW, V.T. (1959): *Open-channel hydraulics.* McGraw-Hill, New York.

CONDOM, N. (2000) : *Analyse et modélisation couplée des processus hydro- géochimiques de la salinisation des sols.* Thèse Doctorat l'École Nationale Agronomique de Montpellier France

CONNOR, J. ; WANG, J. (1 974): *Finite element Modeling of Hydrodynamic circulation.* Paper 19 of numerical Method in fluid Dynamics, C.A. Brebbia and J.J.CONNOR, ed., Pentech Press, London, pages 355-387.

COOPER, H.H. ; JACOB, C.E. (1946): *A generalized graphical method for evaluating formation constants and summarizing well field history.* Am. Geophys. Union Trans., vol. 27, pp. 526-534.

DEKHINAT, S. (2009) : *Les SIG comme outils d'aide à la décision dans le domaine agricole.* SIG 2009. Conférence francophone ESRI, 30 sept. – 1er oct. Versailles, France.

DEMRH (1980) : *Carte hydrogéologique de Biskra au 1/200 000. notice explicative.* Ministère de l'hydraulique Algérie. Service hydrogéologie.

De VRIES J.J. ; SIMMER, I. (2002) : *Groundwater recharge: an overview of processes and challenges.* Hydrogeology Journal, 10, pp.5-17.

De WEST, R.J.M. (1965): *Geohydrology.* John Wiley & Sons.

DPAT (2005) : *Monographie de la wilaya de Biskra.* Direction de la planification et de l'aménagement du territoire de la wilaya de Biskra.

DSA Biskra (2006) : *Etude agro-pédologique au 1/100 000 de la plaine d'El Outaya*, Direction des services agricoles, Biskra

ENNABLI, M. (2003) : *Problèmes de gestion de la ressource en eau en zone aride.* INRST Soliman Tunisie. Conférence Université de Toulouse II. France

FAO (1996 b) : *Mesures de terrain de l'érosion et de l'écoulement des eaux de surface.* Bulletin pédologique 68 : 153p

FAO (1967) : *La défense des terres cultivées contre l'érosion hydraulique.* Organisation des Nations Unies pour l'alimentation et l'agriculture). Rome, Italie : FAO. 202 pp.

FILIPPI, C. ; MILVILLE, F. ; THIERRY, D. (1990) : *Evaluation de la recharge naturelle des aquifères en climat Soudano-Sahélien par modélisation hydrologique globale: Application a dix sites au Burkina Faso.* Hydrological Sciences - Journal des Sciences Hydrologiques, 35, 1, 2/1990

FREEZE, R.A. ; CHERRY, J.A. (1979): *Groundwater.* Prentice-Hall, Inc., Englewood Cliffs, NJ, 604pp.

GOUAIDIA, L. (2008) : *Influence de la lithologie et des conditions climatique sur la variation des paramètres physico-chimiques des eaux d'une nappe en zone semi aride, cas de la nappe de Meskiana nord-est algérien.* Thèse Doctorat UBM Annaba. Algérie

GOUSKOV, N. (1962) : *Notice explicative de la carte géologique au 1/200 000 Biskra.* Publ. Serv. Géol. Algérie 1964.

GRAY, W.G. (1977) : *An Efficient F.E. Scheme for 2-D Surface Water Computation*, p. 4.33 In: Finite element In Water Resources, 1st Int. Conf, Gray, Pender et Brebbia, ed., Princeton University, Pentech Press, London, 1008 p.

GREEN, W.H. ; AMPT, G.A. (1911): *Studies on soil physics: 1- Flow of air and water through soils.* Journal of Agricultural Science. Vol 4, pages 1-24

GUENDOUZ, A. ; MOULLA, A.S. (2006) : *Utilisation des techniques isotopiques à la détermination de la recharge et de l'évaporation à travers la zone non-saturée en zone aride.* Proc. International Congress on: « Integrated Water Resources Management and Challenges of the Sustainable Development (GIRE3D), 23-25/ 05/ 2006, Caddi Ayad Univ., Marrakech, Morocco.

GUERGAZI, S. ; ACHOUR, S. (2005) : *Caractéristiques physico-chimiques des eaux d'alimentation de la ville de Biskra. Pratique de la chloration.* Larhyss Journal, ISSN 1112-3680, n° 04, Juin 2005, pp.119-127

GUIRAUD, R. (1990): Evolution *post-triasique de l'avant pays de la chaîne alpine en Algérie*. Mémoires n°3 ; publications de l'Office National de la Géologie (ONIG), ministère des Mines, Algérie.

HADJ-SAÏD, S. (2007) : *Contribution à l'étude hydrogéologique d'un aquifère en zone côtière : cas de la nappe de Guerbes.* Thèse de Doctorat, Géologie, FST/UBM Annaba. Algérie

HAMDI, Y. (2001): *Contribution à la modélisation numérique du cycle de l'eau.* Thèse Ph.D., université Laval, Département de génie civil. 180pp. Québec, Canada

HAMDI, Y. ; ROBERT, J.L. (1996) : *Modélisation du ruissellement par la méthode des éléments finis.* Troisième conférence canadienne sur l'informatique en génie civil et génie de bâtiment. Vol 3, pages 627-638

HAMIDOU, M.A. (1974) : *Etudes hydrogéologiques de oued Djeddi.* Rapport ANRH Biskra, p.64

HANKS, R.J. ; BOWERS, S.A. (1962): *Numerical solution of the moisture flow equation for infiltration into layered soils.* Soil Sci. Soc. Amer. Proc. 26: pages 530-534.

HANTUSH, M.S. (1961a): *Drawdown around a partially penetrating well.* Jour. of the Hyd. Div., Proc. of the Am. Soc. of Civil Eng., vol. 87, n°. HY4, pp. 83-98.

HANTUSH, M.S. (1961b): *Aquifer tests on partially penetrating wells.* Jour. of the Hyd. Div., Proc. of the Am. Soc. of Civil Eng., vol. 87, n°. HY5, pp. 171-194.

HANTUSH, M.S. (1960): *Hydraulics of Wells*, Advances in Hydro-science. Vol. 1, 28 1-432. John Wiley & Sons.

HAOUCHINE, A. & al. (2010): *Cartographie de la recharge potentielle des aquifères en zone aride. Cas de la plaine d'El Outaya, Biskra -Algérie-.* European Journal of Scientific Research, ISSN 1450-216X Vol.45, Issue 4.

HAOUCHINE, A. ; HAOUCHINE, F.Z. ; SAÏD, R. ; NEDJAÏ, R. (2009) : *Protection et gestion d'un milieu naturel sensible : la grotte « merveilleuse » de Dar El Oued, jijel (Algérie).* 7èmes Journées des Sciences de la Terre, FSTGAT/USTHB, Alger 07-08 Déc. 2009

HAOUCHINE, A. (1996): *Finite elements analysis of sea-water intrusion in the aquifer of Oued Nador -Tipaza, Algeria.* 1er Cong. Inter. Env. Clim. (ICEC). Rome, Italie.

HENDERSON, F.M. ; WOODING, R.A. (1964): *Overland flow and groundwater flow from a steady rainfall of finite duration*, Journal of Geophys. Research, Vol 69, pages 153 1-1540.

HILLEL, D. (1984) : *L'eau et le sol. Principes et processus physiques.* Ed. Cabay 1984

HOLTON, H.N. (1961): *A concept for infiltration estimates in watershed engineering.* USDA-ARS, pages 4 1 -5 1.

HORTON, R.E. (1933): *The role of infiltration in the hydrologic cycle.* Trans. Amer. Geophys. Union 14: pages 446-460.

HYDRO-PROJET EST (1988) : *Aménagement hydro-agricole de la plaine d'El Outaya, Etude préliminaire.* Missions 1,2,3,4/Hydro-Projet Est.- Constantine.

J.O.R.A. (2005) : *Arrêté interministériel du 25 Joumada Ethania 1425 correspondant au 13 juillet 2004 portant délimitation du périmètre de mise en valeur des terres agricoles de M'Keinet de la wilaya de Biskra*. Journal Officiel de la République Algérienne N° 40 (8 juin 2005).

JUDAH, O.M. (1973): *Simulation of Runoff Hydrographs From Naturel Watersheds By Finite Element Method*. Ph.D. Thesis, Virginia Polytechnic Institute and State University. 85p.

KIBLER, D.F. (1968): *A kinematic overland flow model and its optimization*, Ph.D. dissertation, Colorado State University, Fort Collins.

KOSTIAKOV, A. N. (1932): *On the dynamics of the coefficient of water percolation in soils and on the necessity for studying it from a dynamic point of view for purposes of amelioration*. Comm. Intern. Soil Sci. Soc., Moscow, Utah, Part A, pages 17-2 1.

KOUADIO, E.K. & al. (2008): *Hydrogeology Prospecting in Crystalline and Metamorphic Area by Spatial Analysis of Productivity Potential*. European Journal of Scientific Research, ISSN 1450-216X Vol.22 No.3 (2008), pp.373-390.

KRUSEMAN, G.P ; DE RIDDER, N.A (1974) : *interprétation et discussion des pompages d'essai* (traduit par MEILHAC, A.) I.I.L.R. Improvment Wageningen the Netherlands.

LABORDE, J.P. (2003) : *Etude de synthèse sur les ressources en eaux de surface de l'Algérie du Nord*. Rapport ANRH- GTZ, 37 p, 2003

LAFFITTE, R. (1939): *Etude géologique de l'Aurès*. Bull. Serv. Carte Géol. Algérie 2ème Série, Stratigr. Descript. Régio., n°15, 451 p.

LARBES, A. (2005) : *Etude sur modèle mathématique du système aquifère de la région de Biskra*. (ANRH). Colloque International sur les Ressources en Eau Souterraine dans le Sahara CIRESS, 12-13 Déc. 2005, Ouargla, Algérie.

LEDUC, C. ; CALVEZ, R. ; BEJI, R. ; NAZOUMOU, Y. ; LACOMBE, G. ; AOUADI, C. (2004) : *Evolution de la ressource en eau dans la vallée du Merguellil (Tunisie centrale)*. Séminaire WADEMED Rabat ; 19/21 avril 2004

LEENDERTSE, J.J. (1967) : *Aspect of a Computational Model for Long-Periode Water Wave Propagation*. Rand Memorandum, RM-5294-PR, the Rand Corporation, California, 165 p.

MARGAT, J. (2004) : *Atlas de l'eau dans le bassin méditerranéen*. Mediterranean Basin Water Atlas. *UNESCO/ Plan Bleu/ CCGM (Commission de la Carte Géologique du Monde)* Paris : UNESCO, 2004 - 46 p. (Fr – Eng).

MARSILY, G. de (1981) : *Hydrogéologie quantitative*. Ed. Masson Paris (1981)

MARSILY, G. de; DELAY, F. ; GONÇALVES, J. ; RENARD, Ph. ; TELES, V. ; VIOLETTE, S. (2005): *Dealing with Spatial Heterogeneity*. Invited Paper, Special Issue "The Future of Hydrogeology". Hydrogeology J. 13, 161-183.

MASSOUD, U. ; SANTOS, F. ; KHALIL, M. A. ; TAHA, A. ; ABBAS, A. M. (2009): *Estimation of aquifer hydraulic parameters from surface geophysical measurements: a case study of the*

Upper Cretaceous aquifer, central Sinai, Egypt. Hydrogeology Journal DOI 10.1007/s10040-009-0551-y published online nov.2009

MEDDI, M. ; HUBERT, P. (2003) : *Impact de la modification du régime pluviométrique sur les ressources en eau du nord-ouest de l'Algérie.* Hydrology of die Mediterranean and Semiarid Regions (Proceedings of an international symposium held at Montpellier, April 2003). IAHS Publ. no. 278, 2003.

MIMECHE, L. (2003) : *Evaluation et cartographie de la vulnérabilité à la pollution des eaux souterraines de la région de Biskra (sud-est algérien).* Thèse Magister université de Batna Algérie

MIMOUNI, O. (2010) : *les eaux de la région d'Alger – Risques de pollution et d'inondation.* Thèse Doctorat d'Etat. Hydrogéologie. FSTGAT/USTHB Alger. Algérie

MOUSSAOUI, D. ; FERRAH, R. (2006) : *Estimation de la recharge potentielle des zones à climat aride. Cas de la plaine d'El Outaya.* Mém. Ing. FSTGAT/USTHB. Algérie

MUSGRAVE, G.W. (1955): "*How Much Water Enters the Soils,*" U.S.D.A. Yearbook, U.S. Department of Agriculture, Washington, DC, 1955, pp. 151-159.

MUSY, A. ; SOUTTER, M. (1991) *Physique du sol*. Presses Polytechniques et Universitaires Romandes, Lausanne, Suisse, 335 p.

NADJI H. et GALI B. (1992) - *Étude de faisabilité de transfert des eaux d'oued Abdi vers le barrage Foum el Guerza*. Mémoire de fin d'études, Institut d'Hydraulique, C. Univ. de Biskra, 51 p.

NAZOUMOU, Y. ; BESBES, M. (2001): *Estimation de la recharge et modélisation de nappe en zone aride: cas de la nappe de Kairouan, Tunisie.* Impact of Human Activity on Groundwater Dynamics (Proceedings of a symposium held during the Sixth IAHS Scientific Assembly at Maastricht, The Netherlands, July 2001). IAHS Publ. no. 269, 2001.

O.S.S (2003) : *Système Aquifère du Sahara Septentrional : Gestion commune d'un bassin transfrontière.* Rapport de Synthèse\ OSS. _ OSS : Tunis, 2003. _ 147 p., 21 cm. ISBN : 9973-856-03-1. Observatoire du Sahara et du Sahel.

OULD BABA SY, M. ; BESBES, M. (2006): *Holocene recharge and present recharge of the saharan aquifers. A study by numerical modelling.* Colloque international - Gestion des grands aquifères - 30 mai-1er juin 2006, Dijon, France

PARLANGE, J.-Y.; HAVERKAMP, R. (1989): *Infiltration and ponding time.*" Unsaturated flow in hydrological modeling, Editions. Kluwer Ac. Pub. Dordrecht. 103-134

PHILIP, J.R. (1 957): *The theory of infiltration: 1 - The infiltration equation and its solution.* Soil Sci. Soc. Vol. 83, pages 345-357.

PNUE (1997) : *Déclaration de Nairobi -Kenya- 1997.* Programme des Nations Unis pour l'Environnement

PNUE/PAM (2005) : *Célébration du 30ème Anniversaire des NATIONS UNIES Programme Environnement / Plan d'Action Méditerranéen. Atelier International d'Experts : Système d'information du MAP*, Rome Italie 1 - 5 June 2005.

RENARD, Ph.; GLENZ, D.; MEJIAS, M. (2009) : *Understanding diagnostic plots for well-test interpretation*. Hydrogeology Journal (2009) 17: 589–600

RENARD, Ph. (2005): *The future of hydraulic tests*. Hydrogeology Journal, 13(1), 259-262

RENARD, Ph. (2005): *Approximate discharge for constant head test with recharging boundary*. Groundwater, 53(3), 439-442.

RENARD, Ph. ; GLENZ, D. ; MEJIAS, M. (2009): *Understanding diagnostic plot for well test interpretation*. Hydrogeology Journal, 17(3):589-600).

RENARD, Ph ; KENNETH, G. (1985) : *Water Resources of Small Water Impoundments in Dry Regions*. In: Small Water Impoundments in Semiarid Regions. J.L. Thames (editor). University of New Mexico Press

ROBERT, J.L. (1984) : *Modélisation tridimensionnelle des écoulements à surface libre, permanents et non permanents, par la méthode des éléments finis*. Thèse de Ph.D., Université Laval, Québec.

ROCHE M. (1963) : *Hydrologie de surface*, Ed. Gauthier-Villars, Paris.

RODIER, J.A. ; RIBSTEIN, P. (1988) : *Estimation des caractéristiques de la crue décennale pour les petits bassins versants du Sahel couvrant de 1 à 10 km^2*. Orstom, Montpellier. 133 p.

SCET-COOP (1967) : *Eaux Souterraines, Etude des ressources exploitables sur analyseur électrique à réseau R.C de Oued Biskra*. Société d'Exploitation Urbaine et Rurale des Eaux du Sahara. Département Hydrologie de la Société Centrale pour l'Equipement du Territoire.

SHABAN, A. & al. (2001) : *Assessment of road instability along a typical mountainous road using GIS and aerial photos, Lebanon-eastern Mediterranean*. Bull. Eng. Geol. Env. 60, pp. 93-101.

SMITH, R.E. ; WOOLHISER, D.A. (1971): *Overland flow on an infiltrating surface*, Water Resources Research. Vol. 7, pages 899-913.

SOPHOCLEOUS, M. (2004): *Groundwater recharge and the water budgets of the Kansas High Plains and related aquifers*. Kansas Geological Survey Bulletin 249. 102 p.

TAYLOR, C. (1976): *A Computer Simulation of Direct Runoff. Finite Element in Water Resources*, Gray, W.G., Pinder, G.F., Brebbia, C.A., eds., Pentech Press, London, U.K., Pages 4.1494.163.

THIVET, G. ; BLINDA, M. (2009) : *Mediterra 2009 -repenser le développement rural en méditerranée-* Editeur Presses de Sciences Po I.S.B.N. 978272461109, 392 pages.

WALTON, W.C. (1970): *Groundwater Resources Evaluation*. McGraw-Hill.

Oui, je veux morebooks!

i want morebooks!

Buy your books fast and straightforward online - at one of world's fastest growing online book stores! Environmentally sound due to Print-on-Demand technologies.

Buy your books online at
www.get-morebooks.com

Achetez vos livres en ligne, vite et bien, sur l'une des librairies en ligne les plus performantes au monde!
En protégeant nos ressources et notre environnement grâce à l'impression à la demande.

La librairie en ligne pour acheter plus vite
www.morebooks.fr

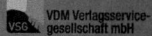

VDM Verlagsservicegesellschaft mbH
Heinrich-Böcking-Str. 6-8   Telefon: +49 681 3720 174   info@vdm-vsg.de
D - 66121 Saarbrücken   Telefax: +49 681 3720 1749   www.vdm-vsg.de

Printed by Books on Demand GmbH, Norderstedt / Germany